Schmuckhornfrösche
Die Gattung *Ceratophrys*

Wolfgang Schmidt
Friedrich Wilhelm Henkel

Terrarien Bibliothek
Natur und Tier - Verlag

Inhaltsverzeichnis

Bildnachweis
Titelbild: *Ceratophrys cranwelli* „Sunglow" Foto: W. Schmidt
Hintergrund: Haut von *Ceratophrys cranwelli* Foto: H. Nigl
Rückseite: oben: *Ceratophrys ornata* Foto: B. Love/Blue Chameleon Ventures
Mitte: *Ceratophrys aurita* Foto: The Frog Ranch LLC
unten links: Augenzipfel von *Ceratophrys joazeirensis* Foto: W. Schmidt
unten rechts: *Ceratophrys cranwelli* „Orange Albino Pacman Frog" Foto: F. W. Henkel

ISBN: 978-3-86659-130-1

An der Kleimannbrücke 39/41
48157 Münster
Tel. 0251/13339-0, Fax 0251/13339-33
www.ms-verlag.de

Geschäftsführung: Matthias Schmidt
Lektorat: Axel Kwet & Kriton Kunz
Layout: Ludger Hogeback
Druck: Alföldi, Debrecen

Vorwort

Amphibien bevölkern unsere Erde seit etwa 360 Millionen Jahren, und in diesem Zeitraum haben sie schon mindestens drei Mal ein sogenanntes „Massenaussterben" von Tierarten überlebt. Dennoch muss gerade die Gruppe der Amphibien heute als die am stärksten bedrohte Tierklasse gelten. Seit rund zwei Jahrzehnten nehmen die Populationsgrößen weltweit stark ab, und es verschwindet eine Art nach der anderen. Man möchte es kaum glauben: Sogar in ansonsten völlig intakten Biotopen ist mittlerweile häufig kein einziger Frosch mehr zu finden – die Tiere scheinen sich einfach in Luft aufgelöst zu haben. Schuld an dieser bedrohlichen Entwicklung ist neben altbekannten Faktoren wie Umweltverschmutzung und Biotopverlust auch der sogenannte Chytridpilz, der u. a. die Hautatmung von Amphibien blockiert und die Tiere förmlich ersticken lässt. Daneben tragen aber auch die Auswirkungen des Klimawandels und – bedingt durch die Zerstörung des stratosphärischen Ozons – die stärkere UV-Ein-

Ceratophrys cranwelli der Zuchtform Sunglow – Schmuckhornfrösche muss man einfach lieben ...
Foto: F. W. Henkel

strahlung zum Aussterben zahlreicher Spezies bei. Aufgrund dieser Veränderungen kommt heute der Haltung und besonders der Nachzucht von Amphibien in menschlicher Obhut verstärkte Bedeutung zu.
In diesem Buch soll von der unter Terrarianern äußerst beliebten Gattung *Ceratophrys* (Schmuckhornfrösche) die Rede sein. Obwohl diese Lurche seit einiger Zeit durchgängig im Handel präsent sind, führten sie in der Terraristik lange eine Art Schattendasein und erfreuen sich erst seit Kurzem wachsender Beliebtheit – dabei haben diese bemerkenswerten Geschöpfe ihre Betrachter schon immer fasziniert. Eines der ersten Exemplare, die nach Europa gelangten, wurde von Charles DARWIN persönlich in Argentinien gesammelt. Er beschrieb es als großen, kissenförmigen Frosch (präziser gesagt als ein „Maul auf Beinen"), der im Laub oder lockeren Erdreich verborgen auf der Lauer liegt und jedes Beutetier verschlingt, das an seinem Versteck vorbeiläuft.

Doch was macht eigentlich die Faszination dieser massigen, recht plump wirkenden Frösche aus? Was lässt gerade sie in letzter Zeit immer mehr Liebhaber finden? Dieses Phänomen ist nur schwer zu erklären: Entweder man erliegt spontan der Anziehung dieser farbenfrohen und gewaltig anmutenden, aber doch eher ruhigen (genauer gesagt: stationär lebenden) Frösche, die dabei ein wenig scheues Verhalten zeigen – oder man erliegt ihr eben nicht. Wenn es den Halter aber erst einmal „gepackt" hat, kommt er meist nicht mehr von Schmuckhornfröschen los. Zu Recht, wie wir finden, handelt es sich doch um eine bestens für die Terrarienhaltung geeignete Amphibiengruppe, die auch und gerade Anfängern nur wärmstens empfohlen werden kann.

Mit unserem Buch möchten wir zum einen interessierte Leser (und künftige Halter) mit diesen wundervollen Fröschen vertraut machen, zum anderen den gesamten Komplex von Haltung, Nachzucht und systematischer Einordnung der Arten ausführlich behandeln. Dabei geht es uns nicht um einen „enzyklopädischen" Ansatz, vielmehr wollen wir einen umfassenden allgemeinen Überblick geben.

Wolfgang Schmidt und
Friedrich Wilhelm Henkel
Kamen und Soest, im Herbst 2011

Entwicklungsgeschichte und Systematik

Innerhalb der Wirbeltiere gelang es der Klasse der Amphibien (auch Lurche genannt) als Erste, den Übergang vom Wasser- zum Landleben zu vollziehen. Im Prinzip durchlaufen alle Frösche im Laufe ihres Lebens erneut jene Entwicklungsstufen, in denen sich ihre Evolution widerspiegelt. Folglich kennzeichnet es auch die Schmuckhornfrösche, dass sie ihre Eier in einer wasserdurchlässigen Gallerthülle ablegen, aus der die im nassen Element lebenden Larven (Kaulquappen) schlüpfen. Im Wasser vollzieht sich auch die Umwandlung (Metamorphose) zum voll ausgebildeten Tier.

Stammesgeschichtlich sind Amphibien die ersten Vierfüßer (Tetrapoda), aus denen später Reptilien, Vögel und Säuger hervorgingen. Die derzeit auf unserer Erde lebenden Amphibienarten (die sogenannten Lissamphibia) entwickelten sich vermutlich vor etwa 200 Millionen Jahren, doch sind die heutigen drei Ordnungen der Blindwühlen (Gymnophiona), Schwanzlurche (Urodela) und Froschlurche (Anura) nachweislich erst seit der mittleren Kreidezeit (d. h. seit rund 150 Millionen Jahren) präsent.

Die meisten Leser werden dieses Kapitel vermutlich nur rasch überfliegen. Dennoch

Ceratophrys cornuta
Foto: W. Schmidt

Äußerlich ähnlich, aber nicht enger mit Schmuckhornfröschen verwandt: *Proceratophrys boie*

Foto: A. Kwet

wollen wir – in gebotener Kürze – auf einige Fragen der Systematik eingehen. Auch bei den Amphibien, weniger bei den Schmuckhornfröschen selbst, befindet sich die Struktur ihres Stammbaums (der die Abstammung der einzelnen Arten darstellt) in ständigem Fluss. Es war der niederländische Apotheker Albertus SEBA (1665–1736), der 1734 als Erster die Beschreibung und Abbildung eines *Ceratophrys* publizierte. Später folgten noch zahlreiche weitere, zu denen BOLDT (1911) bereits kritisch anmerkt: „Bei vielen anderen Autoren liegen ebenfalls nur kurze Beschreibungen vor, bei denen es allerdings häufig nicht festzustellen ist, welche Spezies der heute zur Gattung *Ceratophrys* zusammengefassten Hornfröschen den Untersuchern vorgelegen haben."

Der erste brauchbare Überblick über die Gattung *Ceratophrys* stammt von BOULENGER (1882). Für alle, die sich mit der älteren Literatur befassen wollen, haben wir die betreffenden Synonyme in unserer Auflistung der acht derzeit bekannten Arten ergänzend mit aufgeführt.

Besonders erwähnenswert scheinen uns hier noch einige Anmerkungen zu *Ceratophrys testudo* zu sein, handelt es sich hier doch um die seltenste Schmuckhornfroschart überhaupt. Das einzige bislang bekannte Exemplar stammt aus einer allem Anschein nach völlig unzugänglichen und unerforschten Region in Zentral-Ecuador, wo es der Schwede RENDAHL 1937 in der Nähe des Pastaza-Flusses entdeckte. Er schickte damals die gesamte Ausbeute seiner Expedition zur Bestimmung und Neubeschreibung der gefundenen Tiere an das Naturhistorische Museum in Stockholm. Hier beschrieb ANDERSSON 1945 die Art anhand jenes Männchens als *C. testudo*. Bei späteren Untersuchungen erkannte LYNCH (1982) der Spezies zwar den Artstatus ab, um sie *C. cornuta* zuzuordnen, doch MERCADAL (1988) und PERI (1993) erklärten das Taxon aufgrund ihrer

Familie: Ceratophryidae Tschudi, 1838
Unterfamilie: Ceratophryinae Tschudi, 1838
Gattung: *Ceratophrys* Wied-Neuwied, 1824

Art: *Ceratophrys aurita* **(Raddi, 1823)**
Synonyme: *Bufo auritus* Raddi, 1823
Rana macrocephala Wied-Neuwied, 1824
Ceratophrys varius Wied-Neuwied, 1824
Ceratophrys dorsata Wied-Neuwied, 1824
Ceratophrys dorsata Wied-Neuwied, 1827
Stombus dorsatus Gravenhorst, 1829
Ceratophris clipeatus Cuvier, 1829
Ceratophrys clypeata Cocteau, 1835
Ceratophrys varia Cocteau, 1835
Ceratophryne dorsata Schlegel, 1858
Ceratophrys aurita Bokermann, 1966
Ceratophrys (Ceratophrys) aurita Lynch, 1982

Art: *Ceratophrys calcarata* **Boulenger, 1890**
Synonym: *Ceratophrys (Stombus) calcarata* Lynch, 1982

Art: *Ceratophrys cornuta* **(Linnaeus, 1758)**
Synonyme: *Rana cornuta* Linnaeus, 1758
Bufo cornutus Laurenti, 1768
Buffo cornuta Lacepède, 1788
Pipa cornata Oken, 1816
Rana megastoma Spix, 1824
Stombus cornutus Gravenhorst, 1825
Stombus megastomus Gravenhorst, 1825
Ceratophris spixii Cuvier, 1829
Ceratophris daudini Cuvier, 1829
Ceratophrys megastoma Wagler, 1830
Ceratophrys cornuta Schlegel, 1837
Phrynoceros vaillanti Tschudi, 1838
Ceratophrys cornuta Peters 1872
Ceratophrys (Stombus) cornuta Lynch, 1982

Art: *Ceratophrys cranwelli* **Barrio, 1980**
Synonym: *Ceratophrys (Ceratophrys) cranwelli* Lynch, 1982

Art: *Ceratophrys joazeirensis* **Mercadal de Barrio, 1986**

Art: *Ceratophrys ornata* **(Bell, 1843)**
Synonyme: *Uperodon ornatum* Bell, 1843
Trigonophrys rugiceps Hallowell, 1857
Ceratophrys ornata Günther, 1859
Ceratophrys ensenadensis Rusconi, 1932
Ceratophrys (Ceratophrys) ornata Lynch, 1982

Art: *Ceratophrys stolzmanni* **Steindachner, 1882**
Synonym: *Ceratophrys (Stombus) stolzmanni* Lynch, 1982
Unterarten: *Ceratophrys stolzmanni scaphiopeza* Peters, 1967
Ceratophrys stolzmanni stolzmanni Peters, 1967

Art: *Ceratophrys testudo* **Andersson, 1945**

morphologischen Untersuchungen erneut für valide (gültig). Wir gehen in unseren Artbeschreibungen daher von derzeit acht anerkannten Spezies aus.

Zwar kam es lange Zeit kaum zu nennenswerten Änderungen, doch in jüngster Vergangenheit gestaltet sich unsere Kenntnis der verwandtschaftlichen Beziehungen zwischen den einzelnen Arten infolge gründlicher Analysen immer differenzierter – und leider auch umstrittener. Grundlage für diese Entwicklung war das am 15.03.2006 im „Bulletin of the American Museum of Natural History“ veröffentlichte Standardwerk „The Amphibian Tree of Life“ (Frost et al. 2006). Diese umfassende Arbeit basiert auf der bislang umfangreichsten phylogenetischen Analyse von insgesamt 522 Amphibienarten (bei diesem Verfahren werden bestimmte Sequenzen der Erbsubstanz verschiedener Spezies miteinander verglichen, um daraus Rückschlüsse auf deren Verwandtschaftsverhältnisse ziehen zu können). Es wurde bei dem Projekt sorgfältig darauf geachtet, möglichst alle wichtigen Amphibienvertreter mit einzubeziehen. Die hierfür verantwortliche Gruppe von Amphibien-Systematikern kombinierte DNA-Sequenzen von acht verschiedenen Genen – sowohl aus dem Kerngenom als auch aus der mitochondrialen Erbsubstanz – und entwarf auf dieser Grundlage einen neuen Stammbaum aller rezenten (derzeit lebenden) Amphibienarten. Die daraus folgende taxonomische Neuordnung führte dazu, dass die Klasse der Amphibien systematisch zum Teil neu gegliedert wurde; man stellte auch eine große Anzahl neuer Familien und Gattungen auf bzw. benannte schon vorhandene um, sodass zahlreiche Arten neue Gattungsnamen erhielten.

Für uns ist hier nur wichtig: Wie sieht der Stammbaum bei den Schmuckhornfröschen aktuell aus? In der oben genannten Arbeit wurde die alte, aus über 1.000 Arten bestehende Familie der Südfrösche (Leptodactylidae), der auch die Gattung *Ceratophrys* zugerechnet wurde, in mehrere Familien aufgespaltet. Demnach stellt sich die Situation bei den Schmuckhornfröschen derzeit wie nebenstehend auf S. 8 dar.

Zur Familie der Ceratophryidae gehören weiterhin die Vertreter der Gattungen *Atelognathus*, *Batrachyla*, *Chacophrys*, *Lepidobatrachus* und *Telmatobius*, nicht mehr jedoch etwa die äußerlich ähnlichen Urhornfrösche (*Proceratophrys*). Stammesgeschichtlich ist eine ganz andere Froschart viel näher mit den Schmuckhornfröschen verwandt: *Beelzebufo ampinga* (das bedeutet in etwa „gepanzerte Teufelskröte“). Dieser längst ausgestorbene Frosch lebte etwa vor 65–70 Millionen Jahren und erreichte eine Gesamtlänge von mehr als 40 cm. Als raffinierter Räuber siedelte er in dem damals warmen, saisonal trockenen und mit temporären Tümpeln übersäten Mahajanga-Becken im Nordwesten Madagaskars, wo er seiner Beute gut versteckt am Boden aufgelauert haben soll. Die Riesenfrösche besaßen starke Kiefer mit scharfen Zähnen, die vermuten lassen, dass sie auch kleine Wirbeltiere fraßen. Aufgrund der sehr ähnlichen Morphologie wird die Gattung *Beelzebufo* als sogenanntes Schwestertaxon der Schmuckhornfrösche zusammen mit diesen in die Unterfamilie Ceratophryinae gestellt. All dies ist besonders interessant, weil die heutigen Schmuckhornfrösche durchweg in Südamerika zu Hause sind. Wie ein Frosch mit neotropischen Verwandtschaftsbeziehungen nach Madagaskar gelangt ist, muss einstweilen unbeantwortet bleiben.

Ceratophrys joazeirensis
Foto: W. Schmidt

Schildfrosch, Schmuckhornfrosch oder „Pac-Man-Frosch“

Wer diese Frösche einmal längere Zeit gepflegt und beobachtet hat, der kann gut verstehen, dass die Gattung geradewegs zur Vergabe umgangssprachlicher Bezeichnungen und Umschreibungen einladen musste. Für den flüchtigen Beobachter handelt es sich oft schlichtweg um mit überdimensionierten Mäulern versehene „Fressmaschinen“, die einen rundlich-kugeligen, teilweise auch als kissenförmig charakterisierten, stets aber massigen Körper besitzen. Gefälliger wirken da schon die oft wunderschöne Färbung und das beeindruckend furchtlose Verhalten.

Die wohl gebräuchlichste Bezeichnung für alle Arten der Gattung *Ceratophrys* lautet „Hornfrösche“ oder „Schmuckhornfrösche“. Abgeleitet werden diese Namen von einem Merkmal, das indes nur bei wenigen Spezies wie *C. cornuta* deutlich ausgeprägt ist: dem hornartigen Hautzipfel über jedem Auge. Der Zusatz „Schmuck“ indes verweist auf die attraktive Färbung einiger Arten.

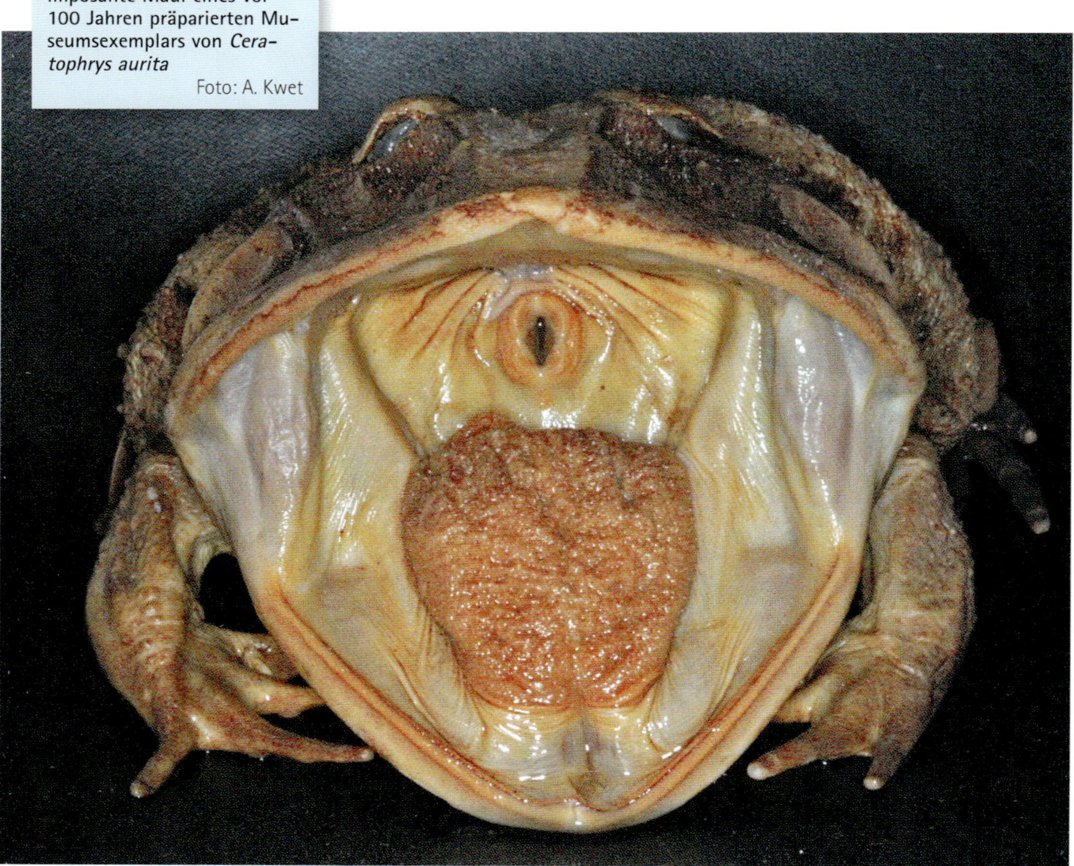

Breitmaulfrosch: Blick in das imposante Maul eines vor 100 Jahren präparierten Museumsexemplars von *Ceratophrys aurita*

Foto: A. Kwet

Charles Darwin beschrieb Schmuckhornfrösche passend als große, kissenförmige Frösche (hier *Ceratophrys cornuta*)
Foto: A. Kwet

Ein anderer, im englischen Sprachraum gebräuchlicher Name, der von dem gefräßigen Verhalten dem typischen Riesenmaul und dem unter Amphibien sicherlich rekordverdächtigen „Selbstvertrauen" inspiriert wurde, lautet „Pac-Man-Frosch". Er leitet sich von einem 1980 eingeführten Video- oder Computerspiel ab, bei dem eine runde Scheibe mit großem Mund (der Pac-Man) pausenlos Punkte in einem Labyrinth „fressen" muss.

Wesentlich seltener (und vor allem in der älteren Literatur) findet man auch die Bezeichnung „Schildfrosch". Diesen Namen verdanken die Tiere einer anatomischen Besonderheit, die ansonsten nur bei sehr wenigen Amphibien auftritt und die sich auch in dieser Gattung nur bei zwei Arten wiederfindet, nämlich bei *C. aurita* und *C. ornata*. Es handelt sich hierbei um eine Art Hautskelett, das unter der Rückenhaut dieser Frösche sitzt und in seiner Bedeutung (möglicherweise ein Schutz gegen Angreifer von oben, obwohl es als Schutzschild eigentlich zu klein ist) bis heute nicht schlüssig erklärt wurde.

Die Bezeichnung „Breitmaulfrosch" stammt aus dem Englischen: Dort werden die Tiere unter anderem auch als „wide-mouthed frogs" bezeichnet, was eben „Breitmaulfrösche" heißt – durchaus zutreffend, wenn man das riesige Maul und die runde Körperform betrachtet.

Neben diesen artübergreifenden Bezeichnungen gibt es auch für die einzelnen Spezies deutsche Namen, die wir im folgenden Kapitel jeweils den wissenschaftlichen Artnamen zugeordnet haben. Sie besitzen jedoch keine wissenschaftliche Bedeutung und sind für eine zweifelsfreie Identifizierung somit nicht zu verwenden.

Die Arten im Porträt

Im Folgenden wollen wir alle derzeit als valide (gültig) anerkannten Arten der Schmuckhornfrösche vorstellen. Dabei gehen wir besonders auf das imposante Aussehen, den natürlichen Lebensraum und das im Habitat herrschende Klima ein, um neben der gar nicht so einfachen, rein äußerlich bisweilen fast unmöglichen Bestimmung der einzelnen Spezies auch Rückschlüsse für eine artgerechte Pflege im Terrarium zu ermöglichen. Gerade das Klima spielt bei der sexuellen Stimulation und Synchronisation der Geschlechter eine entscheidende Rolle, und die Nachahmung des klimatischen Jahresverlaufs scheint somit eine unabdingbare Voraussetzung für die erfolgreiche natürliche Nachzucht von Schmuckhornfröschen zu sein.

Die Verbreitungsgebiete der einzelnen Spezies sind – zumindest im Detail – immer noch recht unzureichend erforscht, doch lassen sie sich oft grob bestimmten Vegetations- und Klimazonen zuordnen. Aufgrund der versteckten Lebensweise dieser Tiere sind aber gerade hier noch viele neue Erkenntnisse zu erwarten.

Die Unterscheidung der Arten ist, wie schon gesagt, teilweise recht schwierig und erfordert eine gewisse Erfahrung bzw. das Vorhandensein mehrerer Vertreter der betreffenden Taxa zum direkten Vergleich. Andererseits weisen die handelsrelevanten Spezies doch einige teils auch für Laien leicht erkennbare äußerliche Merkmale auf, die für die Zuordnung bestimmter Individuen zu einer Art sprechen. Erschwerend kommt allerdings hinzu, dass neben der großen natürlichen Variationsbreite innerhalb der einzelnen Spezies auch Kreuzungen zwischen den Arten existieren bzw. regelmäßig angeboten werden.

Wir haben im folgenden Kapitel alle für die Unterscheidung der einzelnen Taxa wichtigen Informationen beschreibend zusammengefasst. Da sich unser Buch vor allem an Liebhaber von Schmuckhornfröschen richtet, werden fast ausschließlich äußerliche Kennzeichen berücksichtigt, die für den Terrarianer leicht erkennbar sind.

Ceratophrys aurita (Brasilianischer Schmuckhornfrosch oder Schildfrosch)

Aussehen

Beim Brasilianischen Schmuckhornfrosch handelt es sich vermutlich um die größte Art der Gattung. Während Männchen eine stattliche Gesamtlänge von etwa 15 cm (gemessen von der Schnauzen-

Ceratophrys aurita
Foto: C. Haddad

Ceratophrys aurita zeichnet sich durch große Überaugenzipfel aus
Foto: The Frog Ranch LLC

spitze bis zum Körperende) erreichen, bringen es Weibchen sogar auf 23 cm. Gelegentlich findet man auch fragwürdige Angaben von bis zu 30 cm Länge, wobei aber nicht präzise angegeben wird, wo und wann man diese angeblichen Werte gemessen hat. Wie die meisten anderen Schmuckhornfrösche trägt auch diese Art ein überaus variables Farbkleid, das überdies populationsabhängig unterschiedlich ausfällt. Aufgrund der enormen Variabilität soll die Färbung hier nur kurz gestreift werden; generell gilt, dass sich die Zeichnung zur Artbestimmung nur begrenzt oder gar nicht als Kriterium heranziehen lässt.

Die Färbung der Oberseite variiert bei dieser Art zwischen verschiedenen grauen, beigen, braunen, grünen und schwarzen Tönen. In der Rückenmitte verläuft oft ein breites, unregelmäßiges grünes Längsband, das von der Schnauzenspitze bis zum After reicht und seitlich nicht klar abgegrenzt ist; beiderseits wird es von einem breiten, sehr unregelmäßigen dunkelbraunen Band begleitet, das sich vom Auge nach hinten erstreckt. Hinzu kommen große, unregelmäßige schwarze Flecken, die hell eingefasst und variabel mit beigen und grünen Partien durchsetzt sind. Der Kopf trägt seitlich des grünen Mittelbandes ein unregelmäßiges Muster aus braunen, oft dunkel- bis rotbraunen Flecken. Die Gliedmaßen sind in der Regel mit grünen und braunen, klar abgegrenzten Querbinden versehen. Die Flanken wiederum zeigen unterhalb des braunen Bandes oft eine beige Färbung mit hellbraunen Punkten und Flecken, während die Unterseite häufig zeichnungslos und gelblich weiß bleibt.

Der Brasilianische Schmuckhornfrosch besitzt einen massigen, von oben kreisrund wirkenden Körper mit sehr großem, stark verknöchertem

Lebensraum von *Ceratophrys aurita* im Atlantischen Küstenregenwald

Foto: A. Kwet

Verbreitung von *C. aurita* (nach IUCN)

Kopf, der eigentlich nur aus dem vergleichsweise gewaltigen Maul besteht. Die Tiere besitzen neben kleinen Hornzähnen auf den Kieferkanten auch Gaumenzähne, mit denen sie glitschige Beute im Maul festhalten können. Die relativ kurzen Gliedmaßen sind kräftig ausgebildet. Auffällig wirken die dem runden Körper aufgesetzten Augen, die beim Verschlucken größerer Beutestücke in die Höhlen zurückgezogen werden. Über jedem Auge sitzt ein kleiner, hornartiger Zipfel, der nicht ganz so lang wie der Augendurchmesser ist. Die Nasenlöcher liegen näher beim Auge als bei der Schnauzenspitze, und das Trommelfell zeichnet sich nur schwach ab. Der erste Finger ist länger als der zweite, und die Zehen sind an der Basis durch sehr kurze Schwimmhäute verbunden.

Ceratophrys aurita wird inzwischen kommerziell vermehrt
Foto: The Frog Ranch LLC

Die Haut auf Kopf und Rückenmitte ist glatt und gegen die Flanken durch eine Leiste begrenzt. Der Rest des Körpers ist mit rundlichen oder kegelförmigen Warzen (Tuberkeln) besetzt. Ein äußerlich nur schwer erkennbares Merkmal bildet der aus mehreren Knochenplatten bestehende Rückenschild; die darüberliegende Haut zeigt ein charakteristisches Relief aus Kämmen und Streifen, das aber keineswegs exakt den Grenzen der knöchernen Unterlage entspricht. Ausgewachsene Männchen sind im direkten Vergleich mit gleich großen Weibchen

Ceratophrys aurita ist die größte Art der Gattung
Foto: C. Haddad

leicht anhand der dunklen Schallblase und der Brunftschwielen an den „Daumen" zu erkennen (siehe Kapitel „Geschlechtsunterschiede").

Verbreitung und Lebensraum

Diese in der Terraristik noch kaum bekannte Art besiedelt ein riesiges Verbreitungsgebiet im Osten, Südosten und Süden Brasiliens. Es erstreckt sich wie ein Band über weit mehr als 1.500 km entlang der Atlantikküste und reicht grob definiert etwa vom Bundesstaat Bahia (genauer gesagt von der Stadt Salvador) bis in den südlichsten Bundesstaat Rio Grande do Sul (hier wiederum bis fast zur Hauptstadt Porto Alegre). Dieses Band umfasst weite Gebiete des sogenannten Atlantischen Küstenregenwalds (Mata Atlântica) und kann im zentralen Verbreitungsgebiet eine Breite von fast 500 km erreichen. Während sich die Berge der Mata Atlântica an manchen Stellen direkt an der Küste erheben und dort eine zerklüftete Gebirgsregion bilden, wandelt sich das Landschaftsprofil der Mata Atlântica in anderen Regionen mehr und mehr zu einem sanften, abwechslungsreichen Hügelland oder gar zur reinen Küstenebene. *Ceratophrys aurita* lebt vor allem im Tiefland, kann aber in gebirgigen Zonen des Verbreitungsgebiets bis in Höhenlagen um 1.000 m ü. NN vordringen.

Obwohl es sich um eine weit verbreitete Art handelt, sind diese Frösche in der Natur nur selten zu beobachten. Das liegt an ihrer versteckten Lebensweise, denn sie verbringen nahezu ihr ganzes Leben zurückgezogen, halb in der Laubstreu der Wälder vergraben, wo sie auf zufällig vorbeikommende Beute lauern. Nur während der kurzen Fortpflanzungszeit werden die Lurche aktiv – dann kann man sie auch in größerer Zahl am Laichgewässer entdecken.

Ihren eigentlichen Lebensraum bildet die Bodenschicht im Atlantischen Regenwald. Kennzeichnend für dieses Habitat ist der Umstand, dass die Bäume dort nicht allzu hoch werden und mehr Licht und Nährstoffe als in Amazonien auf den Waldboden gelangen, was wiederum zu artenreichen Unterholz-Biotopen mit unterschiedlichsten Pflanzen und Tieren führt. Obwohl

Klimadiagramm von Sao Paulo in Brasilien für *Ceratophrys aurita*

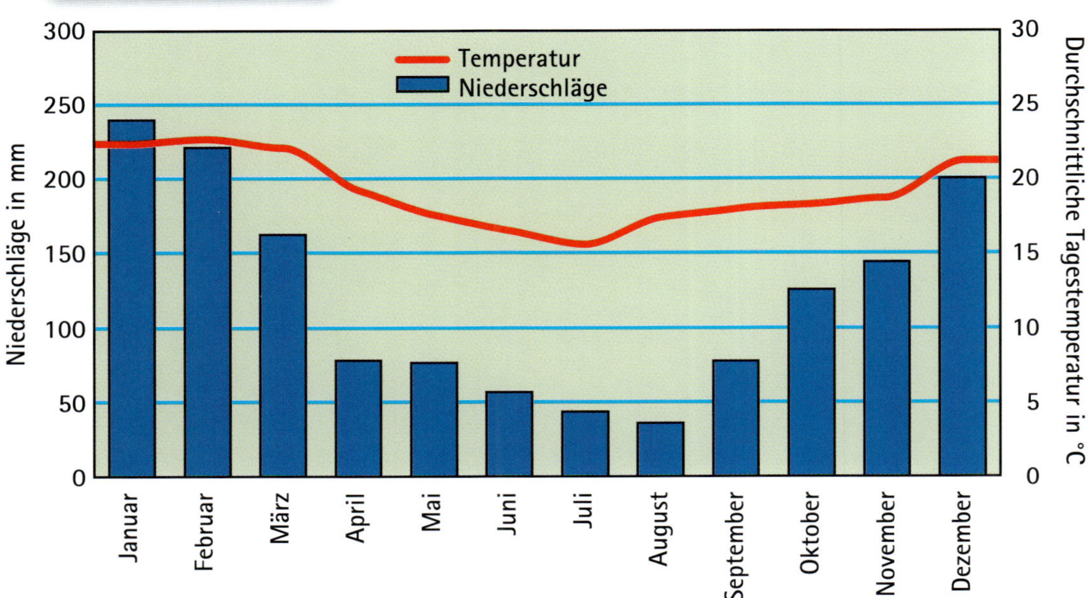

der Primärwald der Mata Atlântica zum größten Teil bereits abgeholzt wurde, scheint das Überleben des Brasilianischen Schmuckhornfrosches derzeit nicht gefährdet zu sein, da die Tiere mittlerweile auch in Sekundärwäldern angetroffen werden.

Bei der Wahl seiner Laichgewässer scheint der Brasilianische Schmuckhornfrosch nicht allzu wählerisch vorzugehen, denn es werden die unterschiedlichsten Typen natürlicher Teiche, Tümpel und Gräben genauso angenommen wie temporäre Gewässer nach starken Regenfällen; wichtig ist nur, dass sie ausgedehnte Flachwasserzonen aufweisen.

Das Klima im Verbreitungsgebiet lässt sich im Norden der Mata Atlântica vereinfacht als warmes, feucht-tropisches Küstenklima mit ganzjährig relativ kräftigen Niederschlägen bezeichnen, während es im Süden subtropisch und feucht ist, mit niedrigeren Temperaturen und etwas geringeren Regenfällen im Winter.

Ceratophrys calcarata (Kolumbianischer oder Venezolanischer Schmuckhornfrosch)

Aussehen

Die Männchen des Kolumbianischen Schmuckhornfrosches können eine Gesamtlänge von ca. 8 cm erreichen, die Weibchen von über 12 cm. Auch diese Art zeigt den für die Gattung typischen Körperbau. Die Tiere besitzen aber einen im Vergleich zu den anderen Arten geringfügig schmaleren Körper, obwohl sie insgesamt ebenso massig wirken. Auffallend ist hier der besonders überproportionierte, stark verknöcherte Schädel mit seinem riesigen, fast über die gesamte Breite reichenden Maul. Die Frösche besitzen ebenfalls kleine Kiefer- und Gaumenzähne, mit denen sie kräftig zubeißen können.

Ceratophrys calcarata
Foto: Foto: Rivera-Correa

Ceratophrys calcarata, Männchen
Foto: A. Acosta-Galvis

Diese Art besitzt keinen Rückenschild. Ihre Haut ist auf der Oberseite mit kleinen, stark hervortretenden Höckern besetzt, von denen die größten überdies gerippt sind. Arme und Beine sind – verglichen mit denen anderer Frösche – kurz, aber kräftig ausgeprägt. Bei nach vorn an den Körper angelegtem Hinterbein reicht der Fersenhöcker bis zum Trommelfell. Die Beine ermöglichen den Tieren nur kurze Sprünge, die aber aufgrund der schnellen, kaum vorhersehbaren Bewegungen völlig ausreichen, um die überraschte Beute mit dem Maul zu erfassen.

Auffällig sind die großen Augen, die wie dem Körper aufgesetzt wirken und beim Verschlucken größerer Beutestücke in den Schädel eingezogen werden. Über jedem Auge befindet sich ein kleiner, hornartiger Zipfel. Die Nasenöffnungen liegen näher am Auge als an der Schnauzenspitze. Das Trommelfell ist bei dieser Art deutlich ausgeprägt und im Durchmesser kleiner als das Auge. Der Interorbitalraum (Kopffläche zwischen den Augen) weist eine leichte Vertiefung auf. Auch bei dieser Art ist der erste Finger länger als der zweite, doch die Zehen sind fast bis zu ihrer halben Länge durch Schwimmhäute verbunden. Auffallend wirken auch die sehr großen, schaufelförmigen und scharfrandigen, meist schwärzlich gefärbten Fersenhöcker, die in der älteren Literatur immer als Metatarsalhöcker oder -tuberkel bezeichnet werden. Sie dienen dem Frosch als eine Art verhärtete „Grabschaufel“.

Auch diese Tiere zeigen eine sehr variable Färbung, die aber insgesamt vergleichsweise einheitlich ausfällt und sich so in begrenztem Maße zur Artbestimmung eignet. Der Kolumbianische Schmuckhornfrosch ist im Vergleich mit den anderen Vertretern der Gattung eher dunkel und aufgrund der stärker „tarnfarbigen“ Zeichnung auch etwas unattraktiver gefärbt. Die Grundfarbe variiert zwischen Hellbeige bis Oliv- oder Dunkelgrün und Braun. Nur selten einmal sieht man Tiere mit einem höheren gelblichen Farbanteil. Vom oliv- bis dunkelgrünen Grund – er kann aber auch bräunlich sein – hebt sich meist eine hellere beige bis gelbliche bzw. bräunliche Zeichnung aus symmetrischen Bändern und Strichen ab. Oft tragen die Tiere auch ein pfeilspitzenartiges Band, das sich zwischen den Augen ein wenig verbreitert und gabelt, um dann längs über den Rücken zu verlaufen. Die Gliedmaßen sind abwechselnd beige und olivgrün gebändert, während die Unterseite auf bräunlichem bis beigefarbenem Grund braune Flecken aufweist.

Bei ausgewachsenen Tieren bereitet die Geschlechtsunterscheidung aufgrund der Größe keine Probleme. Weitere Merkmale der Männchen sind ihre dunkle Kehlfärbung und kleine Brunftschwielen.

Verbreitung und Lebensraum

Das Verbreitungsgebiet des Kolumbianischen Schmuckhornfrosches erstreckt sich an der Atlantikküste über die nördlichsten Landesteile von Kolumbien (Departamentos La Guajira, Cesar, Magdalena) und Venezuela, wo Funde aus den Staaten Falcón, Lara, Mérida und Zulia bekannt geworden sind. Die Vorkommen dieser Spezies im Karibischen Küstentiefland reichen stark vereinfacht von Sincelejo

Lebensraum von *Ceratophrys calcarata*
Foto: A. Acosta-Galvis

Ceratophrys calcarata zeigt oft nur wenig Grün
Foto: A. Acosta-Galvis

Klimadiagramm von Barranquilla in Kolumbien für *Ceratophrys calcarata*

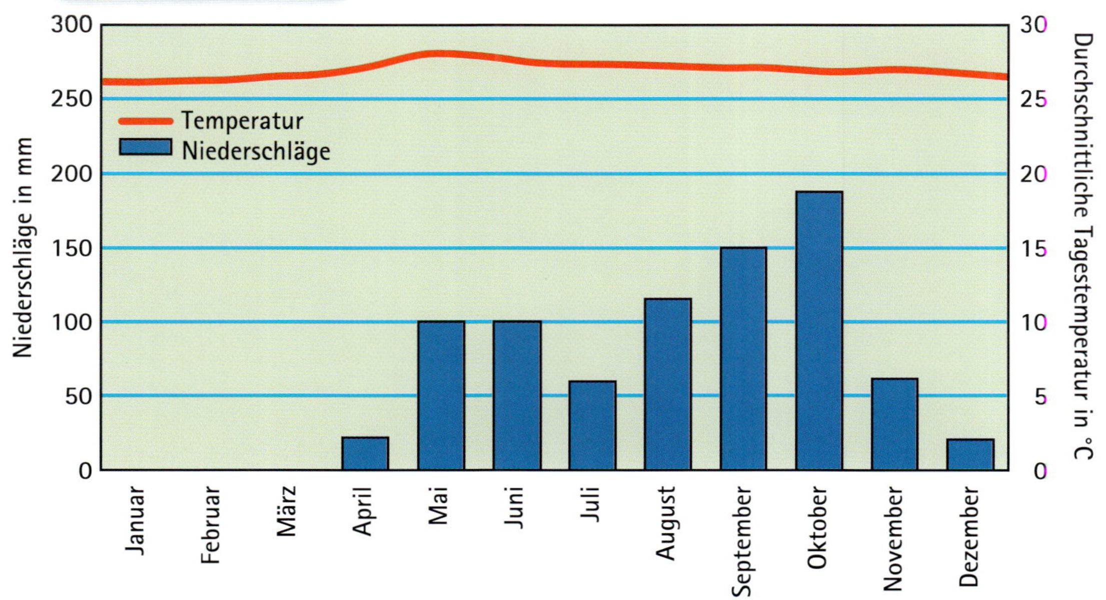

bis Puerto Cabello. In diesem etwa 500 km langen, teilweise bis zu 200 km ins Landesinnere reichenden Streifen werden nur die mächtigen Gebirgszüge der hier auslaufenden Anden nicht von den Fröschen besiedelt. Ihre Höhenverbreitung erstreckt sich maximal bis in Lagen um 500 m ü. NN.

Leider ist auch über diese Art aufgrund ihrer versteckten Lebensweise nicht allzu viel bekannt. Sicher scheint jedoch, dass dieser Schmuckhornfrosch innerhalb seines Verbreitungsgebietes nur inselartig isolierte Populationen bildet und dass die seltenen Tiere nur während der Fortpflanzungszeit häufiger zu beobachten sind.

Verbreitung von *C. calcarata* (nach IUCN)

Den eigentlichen Lebensraum von *Ceratophrys calcarata* bilden regionaltypische Graslandschaften und großflächige Sumpfgebiete, die aufgrund des Klimas als halbtrocken gelten dürfen. Das sehr heiße Klima zeichnet sich durch eine extrem ausgeprägte Regenzeit aus. Die mittleren Tagestemperaturen sinken kaum unter 30 °C und liegen auch nachts zumeist über 20 °C. Während zu Beginn des Jahres kaum Regen fällt, sodass die Landschaft weitgehend austrocknet, sind die Niederschläge während der Regenzeit umso ergiebiger. Die Schmuckhornfrösche haben sich diesen Bedingungen dahingehend angepasst, dass sie in der Trockenzeit ruhen und erst mit Einsetzen des Regens wieder aktiv werden, um dann nach wenigen Tagen mit der Fortpflanzung zu beginnen. Den Rest des Jahres verbringen sie in selbst gegrabenen, kurzen Erdhöhlen, die nur äußerst selten verlassen werden. Als Laichgewässer dienen diesen Lurchen ausschließlich flache, temporäre Wasseransammlungen, die sich während der Regenzeit in großer Zahl bilden und so vorübergehend das Landschaftsbild prägen.

Ob diese Art in ihrem Bestand bedroht ist, lässt sich aufgrund ihrer versteckten Lebensweise zurzeit nicht sicher beurteilen. Allerdings werden die geeigneten Lebensräume durch zunehmende landwirtschaftliche Nutzung immer kleiner.

Ceratophrys calcarata zur Laichzeit in einem temporären Tümpel
Foto: Rivera-Correa

Unterschiedlich gefärbte *Ceratophrys cornuta*
Foto: C. Langner

Ceratophrys cornuta (Gemalter oder Surinam-Schmuckhornfrosch)

Aussehen

Der Gemalte Schmuckhornfrosch ist ein mittelgroßer Vertreter seiner Gattung. So misst ein Männchen von der Schnauzenspitze bis zum Körperende etwa 8 cm, während es die wesentlich größeren Weibchen auf über 12 cm bringen können. Auch beim Gewicht liegen weibliche Tiere mit durchschnittlich 130 g deutlich vor ihren Partnern (die etwa 60 g auf die Waage bringen). Männchen besitzen weiterhin als einfaches Unterscheidungsmerkmal im ausgewachsenen Zustand eine dunklere Kehlfärbung und Brunftschwielen.

Besonders markant ist auch bei dieser Art das gewaltige Maul, dessen Gesamtlänge etwa 1,6 Mal größer als die des Körpers ausfällt. Der Kopf ist ebenfalls sehr groß, hoch aufgewölbt und stark verknöchert. Die Frösche besitzen neben den Kieferzähnen auch kleine, spitze Gaumenzähne, die in zwei Gruppen zwischen den hinteren Öffnungen der Nasenhöhle angeordnet sind und mit denen sie kräftig zubeißen können. Vom relativ kleinen Auge zieht sich eine breite Knochenleiste oberhalb des Trommelfells nach hinten. Die Nasenlöcher liegen bei dieser Art näher zum Auge als zur Schnauzenspitze. Besonders ausgeprägt ist das für die gesamte Gattung namensgebende „Horn" oberhalb des Augenlids. Dabei handelt es sich um einen zipfelartigen Hautfortsatz, der etwa so lang wie der Durchmesser des Augapfels ist. Der Raum zwischen den Augen weist eine kleine Vertiefung auf. Ein wichtiges Kennzeichen dieser Art bildet der ausgeprägte Hautkamm zwischen den Augen. Das Trommelfell ist nur mäßig deutlich ausgeprägt.

Jungtiere von *Ceratophrys cornuta*
Foto: The Frog Ranch LLC

Der erste Finger ist auch bei dieser Art länger als der zweite, und die Zehen sind zu zwei Dritteln ihrer Länge durch Schwimmhäute verbunden. Auffallend wirken auch die kleinen, stumpfen Fersenhöcker. Die Körperoberseite ist mit kleinen, an den Flanken größeren und kegelförmigen Höckern und Warzen besetzt; während die Unterseite leicht gekörnt ist.

Auch diese Frösche zeigen eine überaus variable Zeichnung. Die Grundfarbe setzt sich aus verschiedenen Beige-, Grün- und Brauntönen zusammen. Während bei einigen Tieren ein helles, kräftiges Grün vorherrscht, weisen andere nur verschiedene Brauntöne auf, was teilweise wohl auch populationsabhängig ist. Die Dorsalzeichnung besteht aus unterschiedlich geformten Flecken und

Ceratophrys cornuta mit grünen Zeichnungselementen
Foto: W. Schmidt

Ceratophrys cornuta
Foto: The Frog Ranch LLC

Grün-gelbliches Exemplar von *Ceratophrys cornuta* in Abwehrhaltung
Foto: The Frog Ranch LLC

Streifen. Über die Rückenmitte zieht sich oft, vom Kopf ausgehend, ein breiter, hinten spitz auslaufender Streifen, der farblich immer deutlich mit der Umgebung kontrastiert. Die übrige Oberseite zeigt oftmals schlicht dunkelbraune, an den Flanken dunkel marmorierte Partien. Die Bauchseite besitzt eine helle, gräuliche Färbung, die teilweise mit einigen dunklen Flecken durchsetzt ist. Die Beine tragen regelmäßige dunkle Querbinden.

Verbreitung und Lebensraum

Ceratophrys cornuta besiedelt das größte Verbreitungsgebiet aller Schmuckhornfroscharten. Es umfasst ein riesiges Areal, das sich von Bolivien über den gesamten Nordwesten und Nordosten Brasiliens bis nach Peru und Ecuador im Westen, Kolumbien und Süd-Venezuela im Norden sowie Guyana, Surinam und Französisch-Guayana im Osten erstreckt.

Innerhalb dieses Areals findet man die Frösche jedoch nur in isolierten Populationen, und zwar bis in Höhenlagen von rund 400 m ü. NN. Es handelt sich folglich um ausgesprochene Tieflandbewohner. Ihre Heimat deckt sich in etwa mit dem Amazonasbecken und nimmt mit rund 3,5 Millionen km² rund ein

Fünftel des gesamten südamerikanischen Kontinents ein. Wissenschaftlich ist dieses Gebiet vor allem deshalb interessant, weil es einen der größten einheitlichen Naturlandschaftsräume unserer Erde darstellt. Das ausgedehnte Areal wird von einem riesigen Flusssystem entwässert, dessen Mittelpunkt der Amazonas bildet. Geografisch handelt es sich um ein flaches Becken, das zumindest in tieferen Lagen in unmittelbarer Nähe der Flüsse regelmäßig überflutet wird und mit einer üppigen Vegetation aus immergrünem Regenwald überzogen ist.

Den eigentlichen Lebensraum des Surinam-Schmuckhornfrosches bildet jedoch nicht der Regenwald selbst, sondern es handelt sich dabei um die direkt daran grenzenden offenen Landschaften. Dort findet man die Tiere gut getarnt in kleinen, selbst gegrabenen, von Laubstreu umgebenen Bodenkuhlen, aus denen nur der Kopf herausschaut. So lauern sie tagein und tagaus auf vorbeikommende Beute.

Innerhalb ihres Verbreitungsgebietes scheint diese Art, zu der einige Naturbeobachtungen vorliegen, durchaus nicht selten

Peru
Brasilien

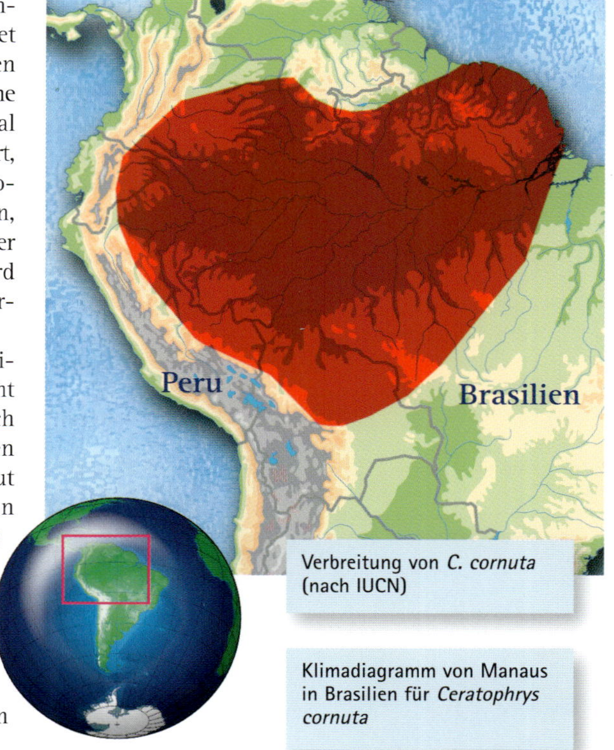

Verbreitung von *C. cornuta* (nach IUCN)

Klimadiagramm von Manaus in Brasilien für *Ceratophrys cornuta*

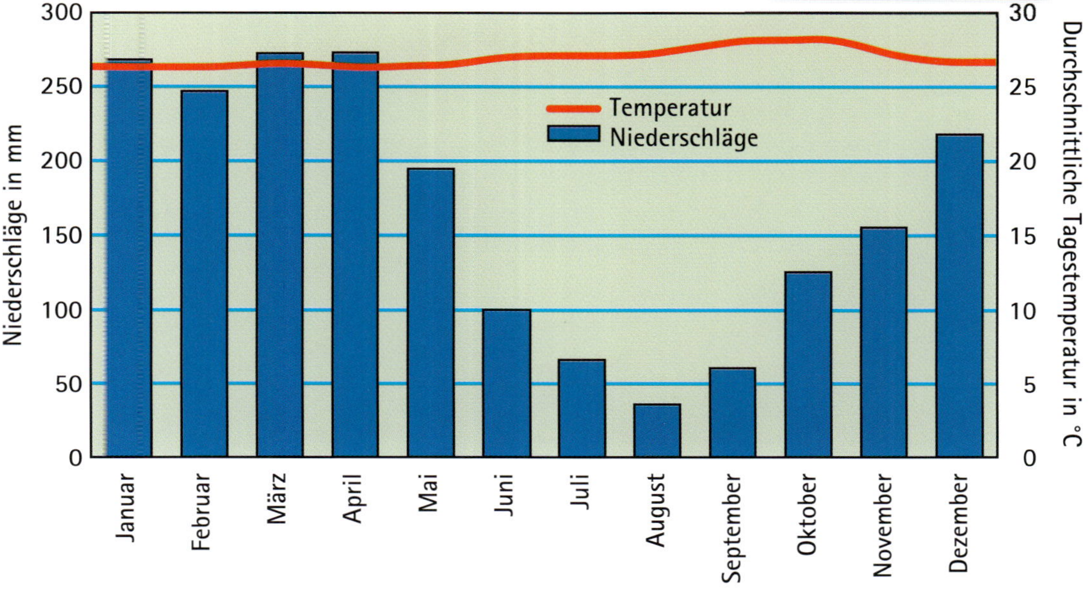

Niederschläge in mm
Durchschnittliche Tagestemperatur in °C
Temperatur
Niederschläge
0
50
100
150
200
250
300
0
5
10
15
20
25
30
Januar
Februar
März
April
Mai
Juni
Juli
August
September
Oktober
November
Dezember

zu sein: DUELLMAN & LIZANA (1994) schätzen ihre durchschnittliche Populationsdichte auf 1,9 Exemplare pro Hektar Bodenfläche. Die ausgewachsenen Tiere zeigten rein nächtliche Aktivitätsphasen, während die Jungtiere sowohl bei Tag als auch in der Nacht aktiv waren. Eine Analyse des Mageninhalts erwachsener Exemplare ergab, dass sie sich zu mehr als 50 % von anderen Fröschen, kleinen Reptilien und Kleinsäugern ernährten. Auch bei dieser Art wurde beobachtet, dass ihr Fortpflanzungsverhalten durch heftige Regenfälle zu Beginn der Regenzeit ausgelöst wird. Während dieser Zeit suchen zuerst die Männchen temporäre Flachgewässer auf, wo man ihr lautes „baaaaa" die halbe Nacht hindurch vernehmen kann. Insgesamt erinnern ihre Rufe entfernt an das Brüllen von Rindern.

Das Klima im Verbreitungsgebiet kann als ganzjährig ausgesprochen feucht-heiß bezeichnet werden, wobei die relative Luftfeuchtigkeit oftmals Werte von über 90 % erreicht. Die jährliche Niederschlagsmenge bewegt sich etwa zwischen 1.500 und 3.500 mm. Die Durchschnittstemperaturen variieren im Wechsel der Jahreszeiten nur geringfügig zwischen 26 und 28 °C, wobei aber Maxima zwischen 30 und 40 °C auftreten können.

Ceratophrys cornuta ernährt sich in der Natur großteils von anderen Wirbeltieren
Foto: W. Schmidt

Ceratophrys cranwelli (Chaco-Schmuckhornfrosch)

Aussehen

Der Chaco-Schmuckhornfrosch ist ein weiteres Musterbeispiel dafür, wie schwierig die Artbestimmung innerhalb dieser Gattung ist (siehe Kapitel „Probleme bei der Artbestimmung"). So bezeichnete noch CEI (1980) in seinem Standardwerk „Amphibians of Argentina" alle in Argentinien vorkommenden Schmuckhornfrösche als *Ceratophrys ornata*, und erst BARRIO beschrieb im selben Jahr *C. cranwelli* aufgrund morphologischer Unterschiede als eigenständige, den Chaco bewohnende Spezies.

Ceratophrys cranwelli zeigt abermals den gattungstypischen massigen Körperbau und erinnert äußerlich an einen „platten Ball mit Maul". Während Männchen eine Länge von bis zu 10 cm erreichen können, bringen es Weibchen auf etwa 15 cm. Beide Geschlechter bleiben somit insgesamt geringfügig kleiner als *C. ornata*. Neben der Größe sind weitere Geschlechtsunterschiede wiederum die Brunftschwielen und die dunklere Kehlfärbung der Männchen, allerdings ist beim letztgenannten Merkmal Vorsicht geboten, da auch manche Weibchen dieser Art eine dunkle Kehlzeichnung aufweisen können. Im direkten Vergleich erkennt man Männchen jedoch häufig an der stärkeren Pigmentierung (siehe auch Kapitel „Geschlechtsunterschiede").

Auch der Chaco-Schmuckhornfrosch trägt, wie die meisten anderen Arten, ein überaus variables Farbkleid, das überdies populationsabhängig sehr unterschiedlich ausfallen kann. Generell birgt diese Spezies das Potenzial für eine enorme Farbenvielfalt, was bei der Zucht im Terrarium bereits zur Auslese einiger Farbvarianten geführt hat (siehe Kapitel „Farb- und Zeichnungsvarianten"). Aufgrund seiner enormen Variabilität

Ceratophrys cranwelli
Foto: W. Schmidt

Bezahnung von *Ceratophrys cranwelli*
Foto: K. Kunz

Ceratophrys cranwelli aus dem Chaco
Foto: J. Köhler

soll das Farbkleid an dieser Stelle nur kurz gestreift werden; allgemein gilt, dass es sich zur Artbestimmung nur begrenzt oder gar nicht heranziehen lässt.

Die Färbung der Oberseite, deren Haut mit zahlreichen kleinen Höckern besetzt ist, variiert zwischen verschiedenen grauen, beigen, braunen, grünen und anthrazitgrauen Tönen, seltener entdeckt man auch gelbe oder rötliche Elemente. Das häufigste Zeichnungsmuster besteht aus variablen, aber relativ gleichmäßig angeordneten dunklen Flecken auf hellerem, oft grünem Grund, die sich auch entlang der Flanken erstrecken können, aber es sind auch Tiere mit unterschiedlichen Brauntönen oder verschiedenfarbigen Partien bekannt. Auf dem Schädel tragen diese Frösche häufig eine Art helle Dreieckszeichnung, die hinter den Augen beginnt und wie eine Pfeilspitze an der Schnauzenspitze endet. Ihre Unterseite zeigt meist eine gräuliche bis beige Färbung, die zum Teil mit unregelmäßigen dunkleren Flecken übersät ist. Die Gliedmaßen können dunklere Bänder, aber genauso eine Fortsetzung der erwähnten Fleckenzeichnung aufweisen. Schon aus dieser kurzen Beschreibung wird deutlich, dass die Färbung nur sehr bedingt zur Arterkennung herangezogen werden kann.

Auch der Chaco-Schmuckhornfrosch zeigt die gattungstypischen, in diesem Fall aber relativ kleinen Hornfortsätze oberhalb der Augen. Seine Nasenöffnungen liegen näher beim Auge als bei der Schnauzenspitze. Das Trommelfell ist nur undeutlich ausgeprägt und weist einen geringeren Durchmesser als das Auge auf.

Bei dieser Art sind die Finger und Zehen vergleichsweise kurz ausgebildet, wobei Letztere fast zur halben Länge durch Schwimmhäute verbunden sind. Der erste Finger ist wieder länger als der zweite. Auffallend sind die sehr großen, schaufelförmigen und schwarz umsäumten Fersenhöcker. Sie dienen den Tieren als eine Art verhärteter „Grabschaufel".

„Albino" von *Ceratophrys cranwelli*
Foto: K. Kunz

Verbreitung und Lebensraum

Das riesige Verbreitungsgebiet dieser Frösche erstreckt sich über weite Teile des zentralen Nordens von Argentinien, den angrenzenden Westen von Paraguay und das östliche Bolivien; außerdem umfasst es einen kleinen Landstrich in Brasilien (im Staat Mato Grosso do Sul). So deckt es sich in etwa mit dem Gran Chaco, dem größten zusammenhängenden Trockenwald- bzw. Dornsavannengebiet Südamerikas, das die nach Amazonien am stärksten bewaldete Region des Halbkontinents bildet. Begrenzt wird der Chaco im Süden von der sich anschließenden Pampa, im Norden hingegen von den angrenzenden Regenwäldern der Yungas. Sein Landschaftsbild ist recht abwechslungsreich und umfasst endlose, mit riesigen Sümpfen durchsetzte Ebenen, die in der Trockenzeit oft weitgehend trockenfallen, savannenartige, während der Regenzeit überflutete Regionen sowie eine bunte Vielfalt von Wald- und Buschtypen. Die sehr unterschiedlichen Ve-

Verbreitung von *C. cranwelli* (nach IUCN)

Klimadiagramm von Mariscal Estigarribia in Paraguay für *Ceratophrys cranwelli*

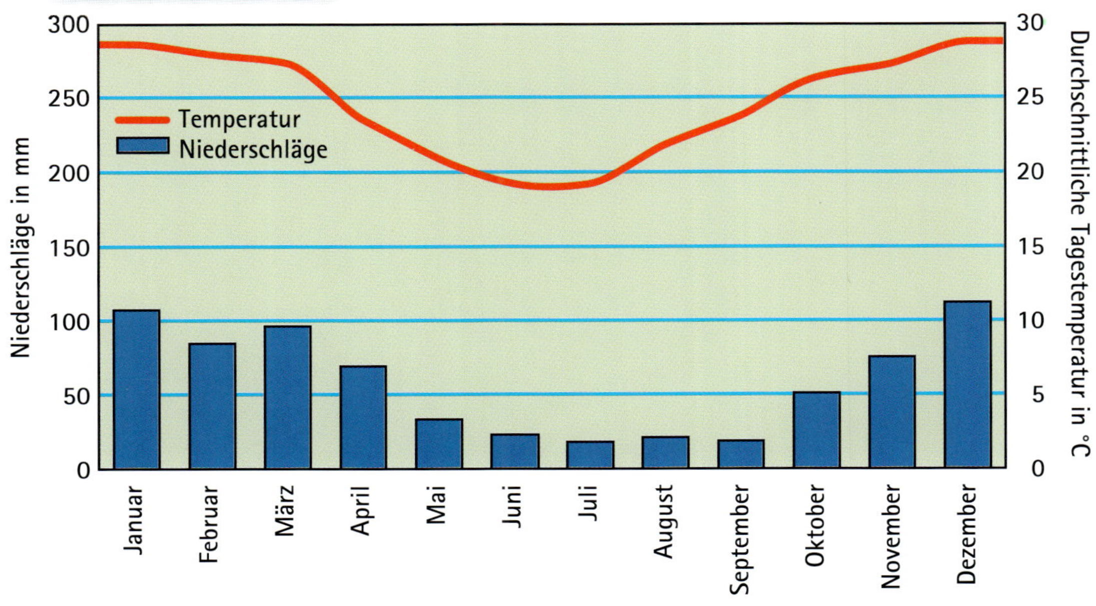

Porträt von *Ceratophrys cranwelli* Foto: J. Köhler

getationsformen haben jene reiche Fülle von Tier- und Pflanzenarten hervorgebracht, die den Chaco so einzigartig macht. Auffallend ist eine oft von Dornbüschen und Kakteen beherrschte Vegetation, die sich hervorragend dem Wechsel von Regen- und Trockenzeiten angepasst hat. Bis in Höhenlagen um 700 m ü. NN sind die Frösche in diesem Gebiet zu finden.

Der Argentinische Schmuckhornfrosch führt in selbst gegrabenen, oft unter Bäumen und Büschen gut getarnten Verstecken ein verborgenes Leben, wobei er regungslos auf vorbeikommende Beute lauert. Sobald die ersten starken Niederschläge der Regenzeit fallen, schreiten die Tiere massenweise in flachen, temporären Gewässern zur Fortpflanzung; in den trockeneren Gebieten kommt es allerdings nicht jedes Jahr dazu. Während der Trockenzeit legen die Frösche, sicher im Boden verborgen, eine Ruhephase ein.

Das regionale Klima lässt sich als subtropisch bis tropisch, mit extrem ausgeprägter Regen- und Trockenzeit bezeichnen: Während es im Sommer oft sehr heiß und auch feucht wird, sind die Temperaturen im Winter eher gemäßigt und die Feuchtigkeitswerte sehr gering. Innerhalb des Chacos wiederum ist der westliche Teil deutlich trockener als der östliche.

Ceratophrys joazeirensis (Caatinga-Schmuckhornfrosch)

Aussehen

Erst im Jahre 1986 stellte MERCADAL DE BARRIO aufgrund umfangreicher Untersuchungen fest, dass es sich bei dem Caatinga-Schmuckhornfrosch um eine eigenständige Art handelt. Bis dahin wurden die vereinzelten Fundtiere als *Ceratophrys aurita* eingestuft, also als eine Art, mit der *C. joazeirensis* tatsächlich sehr nahe verwandt ist. Beide Taxa haben viele Gemeinsamkeiten und sind äußerlich kaum voneinander zu unterscheiden: So sind sie – gemeinsam mit *C. ornata* – sogenannte oktoploide Spezies (Arten mit achtfachem Chromosomensatz), während die übrigen Schmuckhornfrösche einen diploiden (zweifachen) Chromosomensatz besitzen. Von den drei oktoploiden Arten lebt *C. joazeirensis* als einzige in semi-ariden Lebensräumen, ähnlich wie *C. cranwelli*; sowohl

Ceratophrys joazeirensis; typisch ist der runde Körperbau
Foto: W. Schmidt

Ceratophrys joazeirensis
Foto: C. Brito de Carvalho

C. aurita als auch *C. ornata* werden dagegen ausschließlich in feuchten Habitaten angetroffen. Die wesentlichen Unterschiede zwischen *C. joazeirensis* und *C. aurita* betreffen die Morphologie ihrer Schädelbasis – was uns in der Terraristik bei der Bestimmung leider nicht weiterhilft.

Der Caatinga-Schmuckhornfrosch zeigt den gattungstypischen massigen, fast kreisrund wirkenden Körperbau in noch stärkerer Ausprägung als die übrigen Arten. Die großen Augen wirken wie auf den Körper aufgesetzt und weisen auf ihren Lidern nur einen Ansatz von Zipfeln auf. Der sehr große, stark verknöcherte Schädel besteht scheinbar nur aus einem gewaltigen Maul, in dem Kiefer- und Gaumenzähne sitzen, mit denen die Frösche kräftig zubeißen können. Die Nasenlöcher liegen näher beim Auge als bei der Schnauzenspitze, und das Trommelfell hebt sich nur undeutlich ab. Der erste Finger ist länger als der zweite, und die Zehen sind nur an der Basis durch sehr kurze Schwimmhäute verbunden. Die Haut auf Kopf und Rückenmitte ist glatt, an den Flanken jedoch in zunehmendem Maße mit deutlichen Tuberkeln übersät. Die vergleichsweise kurzen Gliedmaßen sind kräftig entwickelt.

Wie die meisten Arten der Gattung trägt auch dieser Frosch ein überaus variables Farbkleid, das wiederum populationsabhängig unterschiedlich ausfallen kann. Im Vergleich zu *C. aurita* scheinen jedoch zumindest bei den im Terrarium gepflegten Tieren die mehr oder minder farbenprächtigeren Exemplare meist *C. joazeirensis* zuzuordnen zu sein. Die Färbung der Oberseite variiert bei dieser Art zwischen verschiedenen grauen, beigen, braunen, rötlichen, grünen und gelben Tönen. Über die Rückenmitte zieht sich oft ein breites, vom Kopf bis zum After reichendes, gelbliches oder leuchtend grünes Längsband, an das sich bei-

Augenzipfel eines *Cerato-phrys joazeirensis*
Foto: W. Schmidt

Ceratophrys joazeirensis bleibt kleiner als *C. aurita*
Foto: F. W. Henkel

derseits ein schmalerer, vom Auge nach hinten abwärts ziehender Streifen anschließt. Kopf und Schultern weisen oft rotbraune Flecken und Streifen auf. Häufig sind die Unterschenkel – manchmal auch die Unterarme – mit grünen Querbinden versehen. Die granulierte Unterseite weist eine gräuliche Färbung auf, die mehr oder weniger mit dunklen Flecken durchsetzt ist.

Ein weiterer Unterschied der beiden verwandten Arten liegt in der Maximalgröße: Mit einer Gesamtlänge von bis zu 12 cm für Männchen und etwa 17 cm für Weibchen ist der Caatinga-Schmuckhornfrosch deutlich kleiner als der Brasilianische Schmuckhornfrosch. Ausgewachsene Männchen lassen sich im direkten Vergleich mit gleich großen Weibchen auch bei dieser Art leicht an der dunklen Schallblase und den Brunftschwielen erkennen.

Verbreitung und Lebensraum

Über diese erst 1986 beschriebene Art ist bis heute noch nicht allzu viel bekannt, da man leider erst wenige Exemplare gefunden hat – überwiegend während der Fortpflanzungszeit. Auch *C. joazeirensis* zeichnet sich durch eine sehr versteckte Lebensweise aus. Sein genaues Verbreitungsgebiet muss noch eingehender untersucht werden, dürfte sich jedoch über einen kleinen Bereich an der zentralen Ost- bzw. Nordostküste Brasiliens erstrecken, der quasi direkt an das Verbreitungsgebiet von *C. aurita* anschließt. Die einzigen bisher bekannten Fundorte sind die Ortschaften Joazeiro (im Norden des Bundesstaates Bahia) und Cabaceiras im angrenzenden Staat Paraíba; hinzu kommen neueste Funde in Passa-e-Fica (Rio Grande do Norte). Es dürfte sich um ausgesprochene Tieflandbewohner handeln, denn die bekannten

Fundpunkte liegen in einer Höhe von ca. 200 m ü. NN.

Das Gebiet um die beiden schon länger bekannten Fundorte weist fruchtbare Böden auf und dient überwiegend als Weideland. Als ursprüngliche Pflanzengesellschaft findet sich vor Ort die sogenannte Caatinga, mit ihrer „weißen“, dürrebeständigen Vegetation. In den feuchtesten Arealen handelt sich bei der Caatinga um tropische, zur Trockenzeit laubabwerfende, oftmals großblättrige Bäume und Büsche, deren Blätterdach nur etwa 60 % des Bodens abdeckt und daher starken Unterwuchs zulässt. Daran schließt ein aufgelockert mit Bäumen und Gestrüpp bewachsener Bereich an, der seinerseits in eine Art Strauchsavanne und später in reines Grasland übergeht.

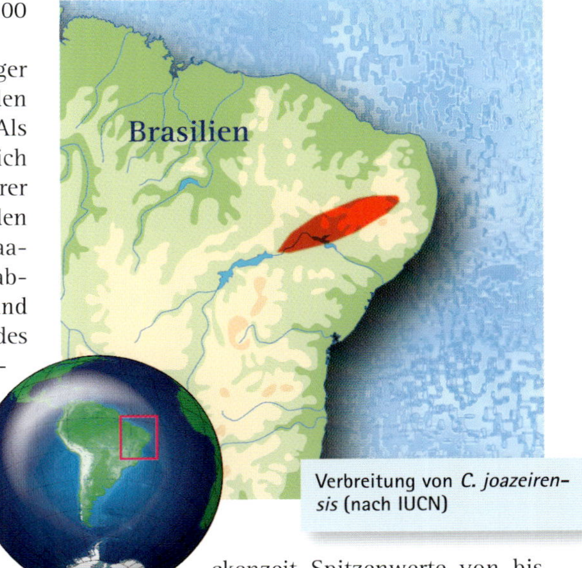

Verbreitung von *C. joazeirensis* (nach IUCN)

Das örtliche Klima ist durch eine ausgeprägte Regen- und Trockenzeit gekennzeichnet, wobei sich ausgesprochen nasse Jahre mit extrem trockenen Jahren abwechseln können. Die Regenzeit dauert in den trockensten Bereichen gerade einmal 2–3 Monate. In der Trockenperiode tragen die Bäume und Sträucher kein Laub, und es gibt dann auch keinen Unterbewuchs. Während die jährlichen Durchschnittstemperaturen bei etwa 28 °C liegen, können in der Trockenzeit Spitzenwerte von bis zu 60 °C auftreten. Das Jahresmittel der Niederschläge beträgt 400–750 mm. Etwa im Januar beginnt die Regenzeit, und das Grau und Braun der Landschaft weicht einem satten Grün. Dies ist der Beginn der Fortpflanzungszeit, wenn die Schmuckhornfrösche flache, temporäre Gewässer aufsuchen.

Über die Freilandbiologie von *Ceratophrys joazeirensis* ist noch nicht allzu viel bekannt
Foto: F. W. Henkel

Ceratophrys ornata (Argentinischer Schmuckhornfrosch)

Aussehen

Der Argentinische Schmuckhornfrosch wurde schon 1859 von GÜNTHER beschrieben und später oft mit anderen Arten verwechselt. Auch heute bereitet die korrekte Zuordnung vieler kleiner, im Zoofachhandel unter diesem Namen erhältlicher Nachzuchten noch immer große Probleme.

Es handelt sich bei *C. ornata* um eine recht große Art, bei der die Männchen eine Gesamtlänge von über 10 cm und die Weibchen sogar von 17 cm erreichen können. Die Tiere besitzen massige, gedrungene, fast kugelförmige Körper und wurden daher schon mit Sitzkissen verglichen. Ihr riesiger, stark verknöcherter Schädel macht etwa ein Drittel der Körperlänge aus und wirkt dank des überdimensionierten, fast über die gesamte Breite reichenden Maules besonders markant. Die wehrhaften, sehr starken Kiefer sind oben und unten mit zahlreichen nach innen gerichteten Zähnen besetzt.

Ceratophrys ornata ist neben *C. aurita* die zweite Art mit einem knöchernen Schild unter der Rückenhaut, der jedoch hier nur aus einem Stück besteht. Die Haut auf der Körperoberseite weist eine grobe, höckerige Struktur auf, während die Unterseite gekörnt wirkt. Die oberen Augenlider von *C. ornata* sind dreieckig zugespitzt und etwas nach oben ausgezogen; im Vergleich zu *C. cranwelli* sind die Hörnchen aber deutlich kleiner. Die Pupille steht waagerecht, und der Bereich zwischen den Augen

Ceratophrys ornata
Foto: B. Love
Blue Chameleon Ventures

Ceratophrys ornata ist einer der größten Gattungsvertreter Foto: W. Schmidt

weist eine schwache Vertiefung aus. Die Nasenlöcher liegen näher beim Auge als bei der Schnauzenspitze. Auch bei dieser Art ist das Trommelfell nur undeutlich ausgeprägt.

Arme und Beine sind relativ kurz, aber kräftig; bei nach vorn an den Körper angelegtem Hinterbein befindet sich der Fersenhöcker hinter dem Auge. Trotzdem können sich diese Frösche recht flink fortbewegen und mit den Hinterbeinen schnell im lockeren Substrat eingraben. Auch die Finger und Zehen sind recht kurz, Letztere auf etwa 50 % ihrer Länge durch Schwimmhäute miteinander ver-

Ceratophrys ornata
Foto: B. Love
Blue Chmaeleon Ventures

bunden. Der erste Finger ist bei dieser Art ebenfalls länger als der zweite. Auffallend sind wiederum die sehr großen, schaufelförmigen und schwarz umsäumten Fersenhöcker.

Ceratophrys ornata ist bezüglich der Farbzusammenstellung vielleicht der Schönste und Variabelste aller Schmuckhornfrösche, wobei auch hier das Farbkleid populationsabhängig unterschiedlich ausfallen kann. Generell scheint diese Art jedenfalls ein enormes Potenzial hinsichtlich ihrer Farbenvielfalt zu bergen, was bei der Zucht im Terrarium bereits zur Auslese einiger Farbvarianten geführt hat (siehe Kapitel „Farb- und Zeichnungsvarianten").

Der äußerst variabel gezeichnete Körper ist mit unterschiedlichen Mustern und Linien von heller und dunkler Färbung übersät. Die Bauchseite ist gelblich mit dunklen bis schwarzen Flecken, während die meist gelbliche oder grünliche Oberseite große, dunkelgrüne, hell umrandete Inselflecken trägt, dazwischen finden sich zuweilen weinrote Linien. Außerdem können sich auf dunklem Grasgrün oft auch rote, rostrote und/oder braune Flecken finden, seltener dagegen lackschwarze mit hellgelber Umrandung. Hinzu können noch grell- bis weinrote Linienzeichnungen kommen. Finger und Zehen sind hellgelb, die Gliedmaßen tragen eine grün-braune Bänderung.

Zwei Jungtiere von *Ceratophrys ornata*
Foto: B. Love
Blue Chmaeleon Ventures

Ausgewachsene Männchen lassen sich im direkten Vergleich mit etwa gleich großen (semiadulten) Weibchen leicht anhand der dunklen Schallblase und dunklen Brunftschwielen ihrer „Daumen" erkennen. Während der Fortpflanzungszeit (vor allem, wenn sie durch andere Frösche stimuliert werden) kann man nachts das tiefe, grollende Quaken der Männchen vernehmen.

Da *C. ornata* und *C. cranwelli* die beiden am häufigsten in Terrarien gehaltenen Arten sind, wollen wir hier einige Unterscheidungshilfen zusammenfassen, die jedoch aufgrund der schon erwähnten Variationsbreite immer nur eingeschränkt gelten (siehe auch Kapitel „Probleme bei der Artbestimmung"). Grundsätzlich ist der Argentinische Schmuckhornfrosch farbenprächtiger als der Chaco-Schmuckhornfrosch und weist meist ein kräftigeres, dunkleres Grün auf, oft mit roten und braunen Flecken, während *C. cranwelli* meist mattere und hellere Grüntöne mit hohem Braunanteil zeigt. Ausgewachsene Tiere von *C. cranwelli* sind oftmals nur braun gezeichnet; dies gilt natürlich nicht für die inzwischen zahlreichen Farbzuchten. Das Merkmal der unterschiedlichen Länge der Hörnchen auf den Augenlidern (bei *C. ornata* kurz, bei *C. cranwelli* etwas länger) lässt sich bei ausgewachsenen Tieren zwar im direkten Vergleich einsetzen, bei Jungtieren allerdings kaum.

Relativ sicher kann man beide Arten anhand eines dunklen Punkts bestimmen, den *C. ornata* auf dem Kopf jeweils hinter dem Augenlid aufweist.

Verbreitung und Lebensraum

Das aus drei offenbar voneinander getrennten Arealen bestehende Verbreitungsgebiet von *Ceratophrys ornata* umfasst weite Teile des Nordostens von Argentinien sowie ein kleines Küstengebiet im südlichen Uruguay und einen schmalen Küstenlandstrich vom Osten Uruguays bis in den äußersten Süden Brasiliens. Bei dem vergleichsweise großen argentinischen Areal handelt es sich um die sogenannte Pampas-Region, die etwa die Provinzen Buenos Aires, Córdoba, Entre Ríos, La Pampa, Mendoza und Santa Fe umfasst. Typisch für diese Landschaft ist das großflächige Vorkommen von Löss-Gestein, der wesentlich zur Bildung der fruchtbaren Pampas-Böden beiträgt. In Uruguay besteht das Verbreitungsgebiet zum einen aus der Region um Montevideo, zum anderen reicht es von der Provinz Rocha entlang der Küste nordwärts bis über die Grenze nach Rio Grande do Sul (Brasilien) – in diesen sandigen Küstenzonen wurden allerdings schon seit vielen Jahren keine Tiere mehr beobachtet.

Bei der Pampa handelt es sich um eine riesige, nahezu baumlose Grassteppe, die heute zum größten Teil als Viehweide genutzt wird. Man unterscheidet zwischen der „feuchten

Verbreitung von *C. ornata* (nach IUCN)

Klimadiagramm von Buenos Aires in Argentinien für *Ceratophrys ornata*

Pampa" im Osten, die regelmäßigere Niederschläge aufweist, und der „trockenen Pampa" im Westen, wo die Grassavanne allmählich in Strauch- und Baumsteppen übergeht.

Auch bei dieser Art handelt es sich um einen Tieflandbewohner, da alle bekannten Fundpunkte in Höhenlagen zwischen 0 und 500 m ü. NN liegen. Innerhalb ihres riesigen Verbreitungsgebietes scheinen die Tiere keinen besonderen Biotop zu bevorzugen: Sie sind sowohl in der Grassavanne, in künstlich bewässerten Anbauflächen und Gräben als auch in der Laubstreu unter Büschen und Bäumen anzutreffen.

Im Herbst – also während der Trockenzeit – vergraben sich diese Frösche und bilden dabei aus Hautsekreten und abgestorbenen Hautschichten eine Art Kokon, um sich so vor dem Austrocknen zu schützen. Sobald im späten Frühling wieder reichlich Regen fällt, verlassen sie ihre Winterverstecke und suchen zur Fortpflanzung sofort temporäre Gewässer auf.

Auch diese Art wartet als Sitz- und Lauerjäger unbeweglich im Versteck, um alles zu

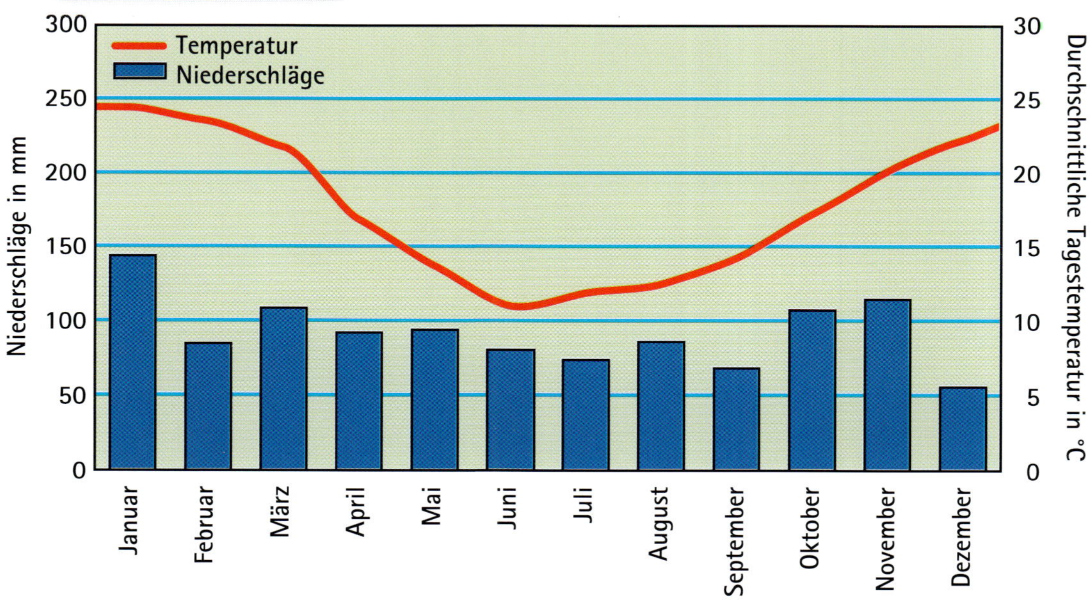

Der Lebensraum von *Ceratophrys ornata* an der Küste Uruguays ist durch Landnahme bedroht. Die letzten Schmuckhornfrösche des Landes wurden hier vor zwei Jahrzehnten gesichtet.
Foto: A. Kwet

verschlingen, was zufällig vorbeiläuft und die richtige Größe aufweist. Basso (1990) stellte bei der Untersuchung von Mageninhalten fest, dass *C. ornata* als Beute vor allem Wirbeltiere bevorzugt. Im Einzelnen fanden sich – bezogen auf das Beutevolumen – als Nahrungsbestandteile 78,5 % Amphibien, 11,7 % Vögel, 7,7 % Nagetiere, 0,3 % Schlangen und 1,8 % andere. Auch bezogen auf die reine Anzahl der gefressenen Beutetiere dominierten die Anuren klar mit 45,5 %.

Das Klima im Verbreitungsgebiet kann insgesamt als gemäßigt bezeichnet werden. Im Osten sind die Temperaturgegensätze zwischen Sommer und Winter infolge der Meeresnähe relativ gering, im Westen dagegen ausgeprägt kontinental, mit heißen Sommern und relativ kalten, sehr trockenen Wintern. Die durchschnittlichen Temperaturen betragen im Sommer etwa 26 °C, im Winter nur 10 °C. Die jährliche Niederschlagsmenge liegt im trockenen Westen bei 250–700 mm und beträgt im Osten zwischen 700 und 1.200 mm (wobei im Sommer etwas mehr Regen fällt als im Winter).

Ceratophrys ornata erkennt man leicht an den beiden Flecken hinter den Augen
Foto: W. Schmidt

Ceratophrys stolzmanni scaphiopeza
Foto: W. Schmidt

Ceratophrys stolzmanni (Pazifischer Schmuckhornfrosch)

Aussehen

Der Pazifische Schmuckhornfrosch ist die kleinste derzeit bekannte *Ceratophrys*-Art. Männchen erreichen eine maximale Gesamtlänge von nur etwa 5 cm, während Weibchen immerhin 7 cm erreichen können. Diese Art eignet sich aufgrund ihrer geringen Größe und damit geringeren Platzansprüche besonders gut für die Pflege im Terrarium. Trotz ihrer Körpergröße zeigen die Frösche das gattungstypische, furchtlose Verhalten, und sie können sich genauso ungestüm wie ihre großen Verwandten gebärden.

Der Körper von *C. stolzmanni* ist sehr kurz, recht gedrungen und mit einem riesigen, stark verknöcherten Schädel versehen. Diese Art besitzt keinen knöchernen Dorsalschild. Die Gliedmaßen sind vergleichsweise kurz, und die Hinterbeine reichen, nach vorn ausgestreckt, etwa bis zur Mitte der Strecke zwischen Achsel und Trommelfell. Charakteristisch sind mehrere Hautfalten über dem Oberarm, sodass dieser zumindest bei der Nominatform, *C. s. stolzmanni*, bis zum Ellbogen „verhüllt“ erscheint.

Die Schnauze ist vergleichsweise kurz und fällt steil ab, wobei der Unterkiefer leicht hervorsteht. Die spitzen und nach hinten gebogenen Gaumenzähne sind ziemlich winzig und wenig zahlreich. Die Nasenlöcher dieser Art liegen dort, wo der Neigungswinkel der Schnauze unvermittelt stark zunimmt; sie sind nach hinten geöffnet und besitzen am Vorderrand eine gut sichtbare Hautklappe. Der Abstand zwischen den Nasenlöchern ist deutlich kleiner als der Abstand zwischen Nasenloch und Augenwinkel. Zwischen Schnauzenspitze und Nasenloch verläuft jeweils eine markante Hautfalte.

Das obere Augenlid weist keinen Hornfortsatz auf; nur vereinzelt ist ein Ansatz erkennbar. Die gut sichtbare Ohröffnung ist bedeutend kleiner als das Auge. Oben rund um die Augenhöhle befindet sich in der Regel ein horizontaler Grat, hinter der Augenbasis ein weiterer schwächerer Grat.

Der erste Finger, an dem sich auffällige Tuberkel befinden, ist deutlich länger als der zweite. Beim Männchen sind die Warzen stärker ausgebildet als beim Weibchen. Überdies kann man das männliche Geschlecht an der geringeren Körpergröße und an der dunklen Schallblase erkennen. Bei dieser Art sind die Zehen bis zur Hälfte der Zehenlänge durch Schwimmhäute verbunden. Weitere Kennzeichen sind die an der Fußinnenseite sitzenden, gut ausgebildeten Fersenhöcker und die mit Tuberkeln übersäten Oberschenkel.

Ceratophrys stolzmanni scaphiopeza
Foto: K. Kunz

Auch diese Art weist in puncto Färbung eine recht hohe Variabilität auf. Als häufigster Grundton des Rückens findet sich ein gräuliches bis kräftiges Grün mit deutlich abgesetzten rotbraunen bis schwarzen Flecken und Sprenkeln. Die Rückenmitte kann neben helleren grünlichen Zonen gelegentlich hellorange Streifen tragen, die am Kopf ihre stärkste Ausprägung zeigen. Die Iris weist einen deutlichen goldenen Ring auf. Die Gliedmaßen sind oberseits gräulich grün, unten teilweise kräftig orange angehaucht. Auffallend ist ferner ein hellschokoladenbrauner Kinnstreifen. Die Unterseite ist schwach granuliert und oft einfarbig hell, meist schmutzig weiß.

Bereits 1967 spaltete PETERS diese Art in zwei Unterarten auf, nämlich in die peruanische Nominatform *C. s. stolzmanni* und die auf Ecuador beschränkte Unterart *C. s. scaphiopeza*; die Letztgenannte ist inzwischen gelegentlich im Handel erhältlich. Seine Unterteilung begründete PETERS folgendermaßen: Bei *C. s. stolzmanni* ist die Körperoberseite mit Tuberkeln und kleinen Warzen übersät, während bei *C. s. scaphiopeza* die Haut praktisch glatt ist. So ist die Haut von *C. s. stolzmanni* insgesamt deutlich dicker, schwerer und weniger wasserdurchlässig als die von *C. s. scaphiopeza*. Auch die Hautfalte über dem Oberschenkel ist nur bei *C. s. stolzmanni* bis über den Ellenbogen bzw. das Knie ausgeprägt, während sie bei *C. s. scaphiopeza* nur wenig über die Achseln bzw. Leisten hinausreicht. Insgesamt soll *C. s. scaphiopeza* auch farbenprächtiger sein.

Verbreitung und Lebensraum

Ceratophrys stolzmanni ist der einzige Schmuckhornfrosch, von dem derzeit zwei Unterarten anerkannt sind. Wie erwähnt zählen die peruanischen Tiere zu *C. s. stolzmanni*, jene aus Ecuador zu *C. s. scaphiopeza*. Die Art gilt in

Ceratophrys stolzmanni scaphiopeza mit reduziertem Grünanteil Foto: L. A. Coloma

Verbreitung von *C. stolzmanni* (nach IUCN)

Natur als ausgesprochen selten, doch fehlen bis heute eingehende Populationsuntersuchungen. Das gesamte Verbreitungsgebiet von *C. stolzmanni* besteht nach derzeitigem Erkenntnisstand aus vier kleinen, voneinander isolierten Gebieten, die insgesamt weniger als 20.000 m² umfassen. Eines dieser vier Areale umschließt die nördlichste Küstenregion von Peru (Departamento Tumbes), die übrigen drei Fundorte – ebenfalls relativ küstennah – liegen im Süden Ecuadors, präziser gesagt am Golf von Guayaquil (Provinzen Guayas und Manabi). Es handelt sich durchweg um ausgesprochene Tieflandlagen zwischen 0 und 100 m ü. NN.

Das Verbreitungsgebiet von *C. stolzmanni* ist von tropischem Monsunklima geprägt; es gibt daher eine ausgeprägte Regenzeit von Januar bis Mai, und die Temperaturen schwanken im Jahresverlauf nur wenig. Auch die

Ceratophrys stolzmanni scaphiopeza stammt aus Ecuador Foto: M. Mejia

Ceratophrys stolzmanni scaphiopeza, Jungtier
Foto: W. Schmidt

wenig kühleren, aber deutlich trockeneren Rest des Jahres eher gelbbraun erscheint.

Innerhalb ihrer kleinen Verbreitungsgebiete sind diese Frösche in den unterschiedlichsten Habitaten anzutreffen; dazu gehören die regionaltypischen laubabwerfenden Trockenwälder (häufig auf sandigen Böden) ebenso wie offene, savannenartige Landschaften, die man häufig in der Nähe von Fluss- und Bachläufen findet. Zu Beginn der Trockenzeit vergraben sich vermutlich auch die Vertreter dieser Art im Erdreich, wobei sie durch eine Art Kokon vor dem Austrocknen geschützt sind. Sobald jedoch die Regenfälle einsetzen, verlassen sie sogleich ihre Verstecke, um temporäre Gewässer zur Fortpflanzung aufzusuchen.

lokale Vegetation wird vor allem von der Regen- und Trockenzeit bestimmt: Während der feuchtheißen Jahreszeit – von Januar bis Mai – ist die Landschaft mit dichtem Grün überwuchert, während sie im nur

Klimadiagramm von Guayaquil in Ecuador für *Ceratophrys stolzmanni*

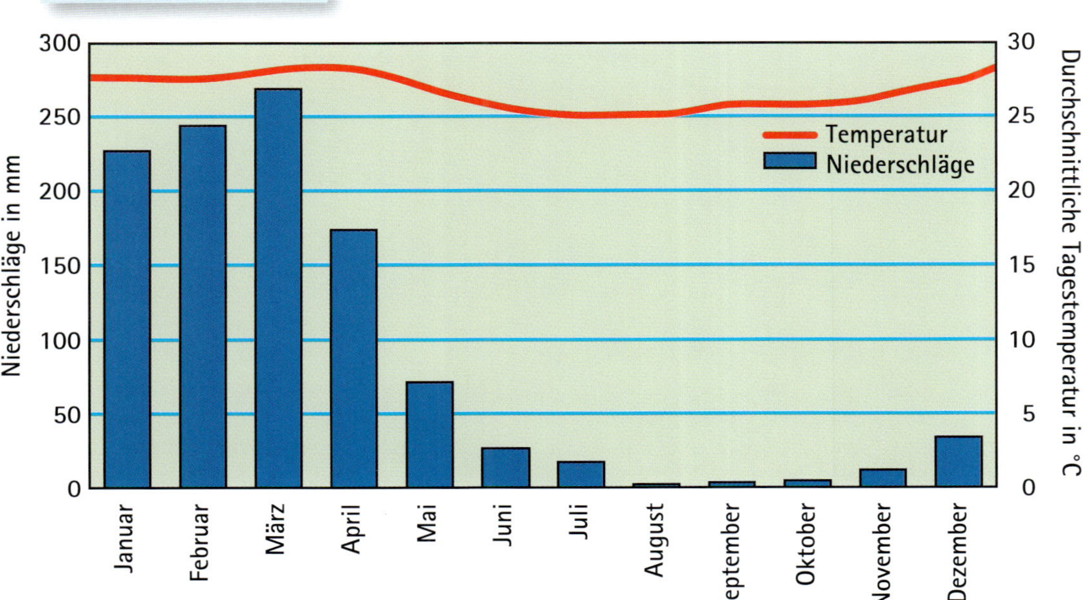

Ceratophrys testudo (Ecuadorianischer Schmuckhornfrosch)

Aussehen

Beim Ecuadorianischen Schmuckhornfrosch handelt es sich um die seltenste und eine nicht unumstrittene Art dieser Gattung. Bisher ist tatsächlich erst ein Tier entdeckt worden, und zwar schon 1937 von RENDAHL in einer völlig unzugänglichen und unerforschten Region Zentral-Ecuadors, unweit des Río Pastaza. Es handelt sich um ein Exemplar mit einer Länge von nur 31,5 mm, also vermutlich um ein Jungtier. Mangels weiterer Neufunde kann hier nur zusammenfassend die Originalbeschreibung wiedergegeben werden.

Auch der Ecuadorianische Schmuckhornfrosch zeigt den gattungstypisch abgeflachten, eher kurzen und breiten (fast kreisrunden) Körperbau dieser Frösche. Sein riesiger, hoher Schädel besitzt eine knochige Struktur und ein sehr großes Maul, das offenbar keine Gaumenzähne aufweist. Der Schädel steigt seitlich steil vom Oberkieferrand empor und ist mit vier deutlich ausgeprägten Knochenleisten versehen. Die Nasenlöcher liegen dicht beieinander auf der Stirnoberseite, etwas näher zum Auge als zur Schnauzenspitze. Der Raum zwischen den Augenhöhlen ist konkav und etwa so breit wie das Oberlid, das nicht zipfelartig ausgezogen, sondern nur am äußeren Rand mit einem flachen, fingerartigen Tuberkel versehen ist. Zwischen den Augenhöhlen sitzen zwei Reihen niedriger, länglicher Tuberkel, die eng beieinander über die Augenlider und deren Zwischenraum verlaufen, um sich in dessen Mitte so zu verzweigen, dass eine Art Stern mit vier Zacken entsteht. Die Augen sind vergleichsweise klein, und das eher undeutlich ausgeprägte Trommelfell ist wie die benachbarte Haut mit winzigen Warzen überzogen.

Der erste Finger ist kürzer als der zweite und dritte, die Fingerspitzen sind abgerundet, nicht verbreitert. An der Außenseite des Unterarms befindet sich eine Reihe recht großer Dreieckstuberkel. Die kurzen, dünnen Zehen sind bis zur halben Länge durch Schwimmhäute verbunden. Ein großer, schaufelförmiger Fersenhöcker sitzt am Mittelfuß.

Die mittlere Rückenzone des Frosches wird von zwei Hautfalten gesäumt, die hinter den Augenhöhlen beginnen und sich in der Rückenmitte annähern, um dann wieder auseinanderzulaufen, bevor sie schließlich über dem After erneut zusammentreffen. Während die Oberseite mit winzigen Warzen übersät ist, verlaufen seitlich entlang des Rückens und der Flanken recht große Tuberkel, die mehr oder minder zu Längsleisten verschmelzen.

Leider ist über die Lebendfärbung der Art nichts bekannt; das in Alkohol konservierte Typusexemplar weist inzwischen eine braune Färbung auf, von der sich am Kopf vier Paare undeutlicher dunkelbrauner Binden mit schwarzen Säumen abzeichnen. Rückenseiten und Flanken sind ebenfalls dunkelbraun, mit drei Paar schwarzer Flecken an den Flanken.

Verbreitung und Lebensraum

Das genaue Verbreitungsgebiet dieser Art ist unbekannt, das einzige bisher gefundene Exemplar stammt vom Oberlauf des Río Pastaza in der Provinz Napo (Ost-Ecuador). Doch das war es dann auch schon: Da nicht einmal die genaue Höhenlage des in den Ost-Anden gelegenen Fundorts bekannt ist, kann nur vermutet werden, dass es sich bei *C. testudo* um eine Hochlandform handeln könnte. Die Provinz Napo erstreckt sich am westlichen Rand der Amazonasregion und weist eine sehr geringe Bevölkerungsdichte auf. Das gesamte Gebiet rund um den Fundort gilt als schwer zugänglich und kaum erforscht. Das örtliche Klima kann als tropisch-feucht mit im Hochland eher mäßigen Temperaturen und täglichen Niederschlägen charakterisiert werden. Die extrem hohen, fast 7.000 mm betragenden Jahresniederschläge haben in der Napo-Region eine einmalige, bislang fast unberührte und überaus artenreiche Form des tropischen Regenwalds entstehen lassen.

Probleme bei der Artbestimmung

Eines der größten Probleme bei der Pflege von Schmuckhornfröschen ist die Bestimmung der einzelnen Arten, da es keinen wirklich sicheren Bestimmungsschlüssel anhand der äußeren Merkmale gibt. Schmuckhornfrösche sehen irgendwie alle gleich aus, und eine eindeutige Identifikation der Arten ist vielfach nur mittels genetischer Untersuchungen oder anhand anatomischer Merkmale möglich. Zudem weist jede Spezies auch noch eine hohe innerartliche Variationsbreite hinsichtlich Zeichnungsmuster und Farbkleid auf.

Vergleichsweise einfach ist es noch bei Wildfängen, also bei ausgewachsenen Tieren aus klar definierten Fundgebieten, doch selbst dann nicht immer. So gibt es ausgerechnet bei den beiden für die Terraristik bedeutsamsten Arten *Ceratophrys cranwelli* (aus großen Teilen Nordost-Argentiniens sowie den angrenzenden Regionen von Bolivien, Paraguay und Süd-west-Brasilien) und *C. ornata* (aus den argentinischen Provinzen Buenos Aires, Santa Fe, Córdoba und La Pampa sowie Süd-Uruguay und von der Atlantikküste Brasiliens) deutliche Überschneidungen in den Verbreitungsgebieten. Zwischen der östlichen Zentralregion von Santa Fe und dem Nordosten von La Pampa liegt eine breite Übergangszone, in der man die beiden Arten gemeinsam (sympatrisch) antrifft und wo sie kaum anhand äußerer Unterschiede, sondern absolut sicher nur mittels einer Chromosomen-Analyse zu identifizieren sind: *Ceratophrys ornata* ist nämlich oktoploid, *C. cranwelli* dagegen diploid. Dieser genetische

Schwimmhäute von *Ceratophrys cornuta*
Foto: W. Schmidt

Bänderzeichnung auf den Schädeln von *C. aurita* (1), *C. calcarata* (2), *C. cornuta* (3), *C. cranwelli* (4), *C. ornata* (5) und *C. stolzmanni* (6); verändert nach MERCADAL (1986)
Zeichnungen: S. Svatek

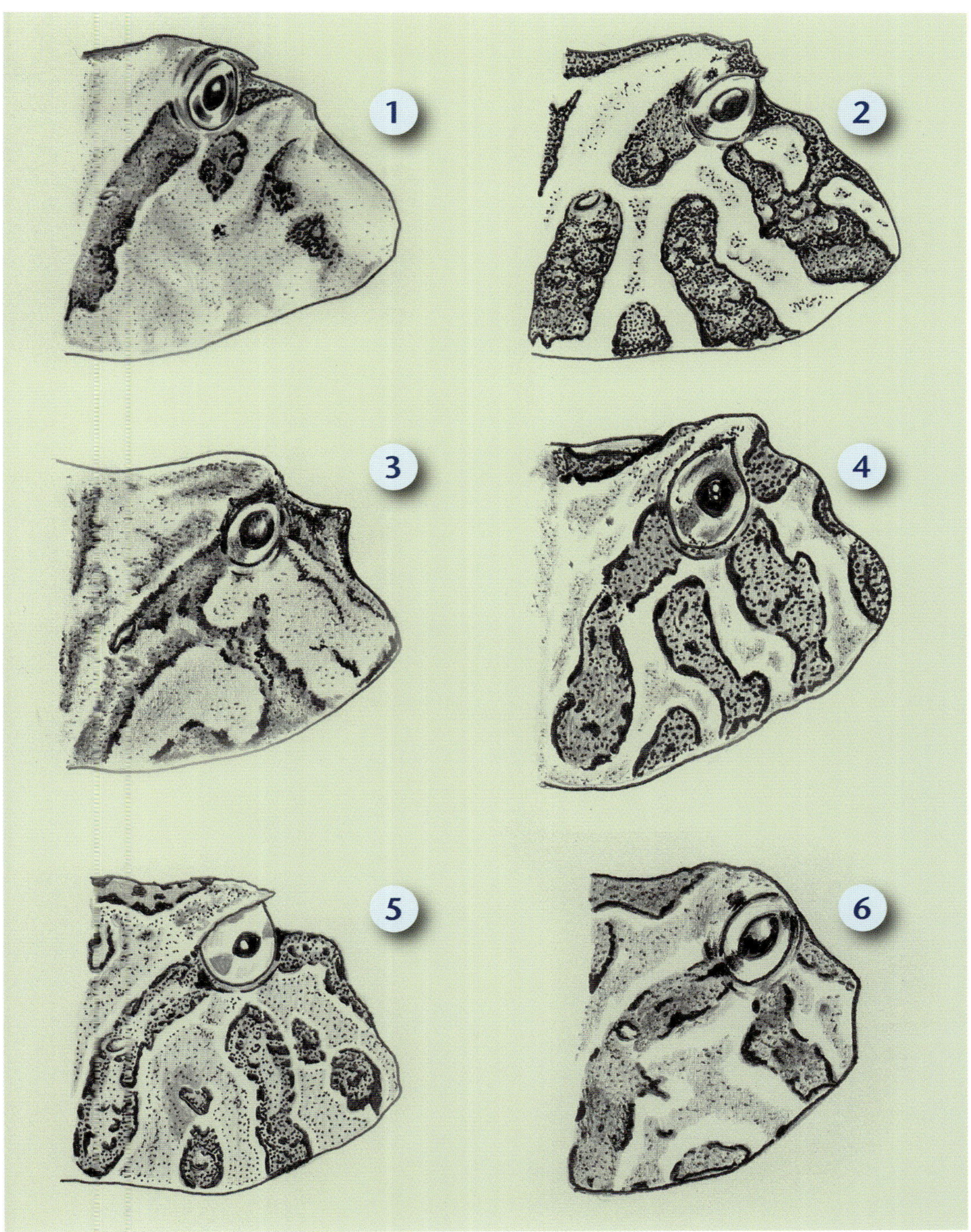
1
2
3
4
5
6

Unterschied verhindert wohl auch, dass es in der Natur zu fruchtbaren Kreuzungen der beiden Arten kommt.

In der Regel wird man jedoch auf die vom Handel sehr zahlreich angebotenen Nachzuchten zurückgreifen und dabei zunächst einmal den Angaben des Händlers vertrauen müssen. Da wir selbst nicht alle Arten persönlich gepflegt haben bzw. pflegen, fassen wir im Folgenden die wichtigsten Literaturangaben zu ihrer Bestimmung zusammen.

Die umfangreichsten Untersuchungen zur Unterscheidung der einzelnen Arten stammen von MERCADAL DE BARRIO (1986), der jedoch *C. testudo* nicht als valide Art anerkannte und folglich in seinen Ausführungen auch nicht berücksichtigte. Nach seinen Beobachtungen bildet die Bänder- bzw. Bindenzeichnung auf dem Schädel eines der wichtigsten Unterscheidungsmerkmale zwischen den Arten.

So ist MERCADAL DE BARRIO zufolge der Raum zwischen den Binden I und II bei *C. cranwelli* kleiner als bei *C. ornata*, und Binde I soll bei *C. cranwelli* wesentlich häufiger eine kreuzförmige Ausprägung aufweisen. Ein ähnliches Muster wie bei *C. cranwelli* findet sich auch bei *C. joazeirensis*. *Ceratophrys cornuta* hingegen besitzt keine breite Binde, die vom Raum zwischen den Augenhöhlen ausstrahlt und bis zu den Nasenlöchern reicht. Bei dieser Art beginnen stattdessen unter den Augen zwei helle Binden, die mehr oder minder parallel bis zum Mundwinkel verlaufen; dazwischen verbleiben nur kleine dunkle Bereiche. Bei *C. calcarata* wiederum verläuft die Binde I genau wie die beiden kleinen dunklen Binden von *C. cornuta*, die zwischen den beiden großen Seitenbinden liegen. Und bei *C. stolzmanni* schließlich ist diese Binde zum Mundwinkel umgeleitet und überdies am deutlichsten von allen Arten ausgeprägt.

Ein weiteres Merkmal, das in die Beurteilung der einzelnen Arten mit einfließen muss,

„Orange Albino" von *Ceratophrys cranwelli*
Foto: W. Schmidt

Ceratophrys ornata
Foto: F. W. Henkel

betrifft die namensgebenden Augenzipfel. Diese sind bei *Ceratophrys aurita* und *C. cornuta* am längsten und kräftigsten ausgebildet und erinnern in ihrer Form teilweise an einen Finger. Die Arten *C. calcarata*, *C. cranwelli* und *C. joazeirensis* hingegen besitzen nur einen mäßig – eher in Form eines Überaugenkammes – ausgeprägten Augenzipfel, der bei *C. ornata* und *C. stolzmanni* fast völlig fehlt.

Das nächste bei diesen Fröschen zu überprüfende Kriterium ist die Ausprägung und Größe ihrer Schwimmhäute zwischen den Zehen. Die Schwimmhäute reichen bei *C. stolzmanni*, *C. cranwelli*, *C. aurita* und *C. joazeirensis* etwa bis zur Hälfte der Zehenlänge, während sie bei *C. calcarata* nur etwa ein Drittel und bei *C. cornuta* maximal zwei Drittel der Zehe abdecken. Hilfreich sind auch die Fersenhöcker, die bei *C. stolzmanni*, *C. cranwelli*, *C. ornata*, *C. joazeirensis* und *C. calcarata* einen dunklen, verhornten Rand aufweisen. Ferner ist *C. cornuta* ist die einzige Art, bei der die Wangenregion steil und nahezu senkrecht abfällt.

Ein weiteres Merkmal findet erstmals Erwähnung bei BOULENGER (1882), der *C. aurita* und *C. ornata* anhand der Länge ihrer Extremitäten im Verhältnis zum Körper unterschied. Bei *C. aurita* reicht demnach der Fersensporn des am Körper entlang nach vorn gestreckten Hinterfußes bis über das Auge des Frosches hinaus, bei *C. ornata* dagegen nicht (für die weiteren Arten siehe die jeweiligen Artkapitel).

Manche dieser Angaben sind für den normalen Terrarianer leider nur wenig hilfreich – oder anders gesagt: Wer möchte schon bei einem ausgewachsenen Schmuckhornfrosch einmal das Hinterbein entlang des Körpers ausstrecken? Daher wollen wir die weitere Auflistung von wissenschaftlichen Merkmalen an dieser Stelle abbrechen und stattdessen auf hilfreiche Informationen hinweisen, die sich besonders zur Unterscheidung der beiden häufigsten Arten *C. cranwelli* und *C. ornata* auch im Internet finden, z. B. auf der deutschsprachigen Seite www.pacmanfrogs.de. Danach ist *C. ornata* deutlich bunter gefärbt und weist meist einen dunkleren Grünton auf (oft mit rostroten und braunen Flecken), während seine Bauchseite einen gelblichen Farbton zeigt. *C. cranwelli* hingegen zeigt in der Regel grüne und braune Farben, wobei der Grünton häufig heller als bei *C. ornata* ausfällt. Die Maulpartie bei *C. cranwelli* fällt oftmals nicht so steil ab wie bei *C. ornata*. Das einfachste Merkmal liefert jedoch ein kleines Zeichnungsdetail: Nur *C. ornata* besitzt jeweils einen kleinen, dunklen Fleck auf der Kopfoberseite hinter den Augen.

Schmuckhornfrösche und Naturschutz

Wie steht es derzeit um die Bedrohung der einzelnen Arten? Leider ist diese Frage nicht so einfach zu beantworten, denn es liegen kaum wissenschaftliche Untersuchungen zu Populationsstärken und den genauen Verbreitungsgebieten der einzelnen *Ceratophrys*-Arten vor. Eigentlich kann man sich bei ihrer versteckten und solitären Lebensweise darüber nicht wundern; dies führte ja etwa auch dazu, dass *C. joazeirensis* erst 1986 als eigenständige Art erkannt und von *C. testudo* bis heute überhaupt nur ein Exemplar entdeckt wurde. Nur vereinzelt stößt man auf Hinweise, wonach einzelne Populationen abnehmen oder offenbar schon völlig verschwunden sind, wie z. B. *C. ornata* in Süd-Brasilien und Uruguay (Axel Kwet, pers. Mittlg.) – meist steht dies im Zusammenhang mit der fortschreitenden Biotopvernichtung in den Heimatländern.

Andererseits wird auch viel von der Anpassungsfähigkeit dieser Frösche berichtet, und *C. aurita* beispielsweise wechselt – offenbar problemlos – vom Lebensraum Primärwald in die Sekundärvegetation. Als möglicherweise bedroht gelten müssen vor allem die Arten mit kleinen bzw. winzigen Verbreitungsgebieten, wie *C. stolzmanni*. Aus diesem Grund wird gerade der Pazifische Schmuckhornfrosch auf der Roten Liste der IUCN auch als „gefährdet" eingestuft.

Umso erfreulicher muten da Maßnahmen der ecuadorianischen Züchtergemeinschaft Wikiri (www.wikiri.com.ec) an, die mit der Pontificia Universidad Católica del Ecuador und der Stiftung Fundacion Otonga zusammenarbeitet. Sie hat 2010 im eigenen Lande erstmals

Lebensraum von *Ceratophrys ornata* an der Atlantikküste im Grenzgebiet zwischen Uruguay und Südbrasilien
Foto: A. Kwet

Ceratophrys calcarata, rufendes Männchen im natürlichen Biotop
Foto: A. Acosta-Galvis

den bis dato in unseren Terrarien völlig unbekannten Schmuckhornfrosch *Ceratophrys stolzmanni scaphiopeza* erfolgreich nachgezogen, um ihn für eine gute Sache zu veräußern. Der weitaus größte Teil der Erlöse aus dem legalen Verkauf dieser wunderschönen und interessanten Frösche (ihren Vertrieb hierzulande besorgt Christopher SHORT; www.stconnection.de) fließt in Projekte, die dem Schutz und der Erforschung ecuadorianischer Amphibien dienen. Neben der Erhaltung ihrer Lebensräume umfasst dies z. B. auch Projekte zur Schulbildung ecuadorianischer Kinder in Regenwaldgebieten. Jedem im Rahmen dieses Projekts verkauften Frosch ist ein Faltblatt beigefügt, das alle wichtigen Informationen für eine artgerechte Haltung enthält.

Die Nachzucht der terraristisch relevanten *Ceratophrys*-Arten klappt auch im großen Maßstab
Foto: The Frog Ranch LLC

Körperbau und Besonderheiten

Die „Lebensphilosophie" der Schmuckhornfrösche scheint darauf begrenzt zu sein, sich möglichst wenig zu bewegen und einfach alles zu fressen, was vorbeikommt – wenn man einmal von der kurzen Fortpflanzungszeit absieht. Diesem Ziel haben sich die Tiere durch Körperbau und Aussehen hervorragend angepasst. So besitzen sie, wie schon mehrfach erwähnt, einen rundlichen, massigen Körper und ein riesiges Maul. Letzteres ist ideal zum Ergreifen und Verschlingen selbst größter Beutetiere geeignet. Damit sich die Frösche bei großen, wehrhaften Opfern nicht ernsthaft verletzen, ist ihr Schädel sehr stark verknöchert und bietet so optimalen Schutz. Einen zusätzlichen Schutz garantiert der in die Rückenhaut einiger Arten eingelagerte Knochenschild.

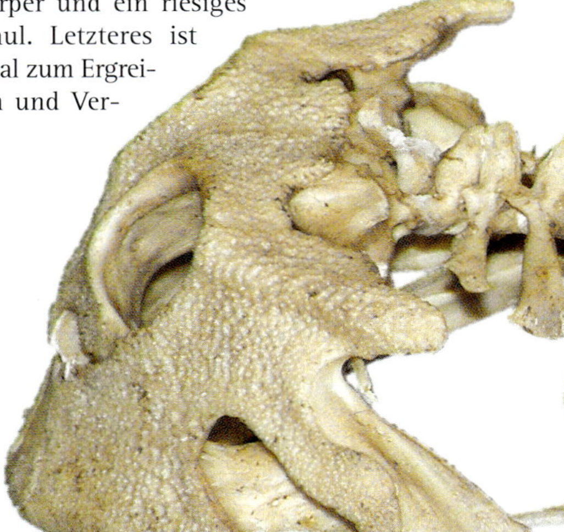

Skelett eines Schmuckhornfrosches, deutlich ist die extreme Verknöcherung des Schädels zu erkennen
Foto: H. Astley

Die Gliedmaßen sind, verglichen mit denen anderer Froschlurche, eher kurz, dafür aber kräftig ausgebildet. Sie ermöglichen den Tieren nur kurze Sprünge, die aufgrund ihrer schnellen, kaum vorhersehbaren Bewegungsweise allerdings völlig ausreichen, um die überraschte Beute mit der Zunge ins Maul zu ziehen oder mit den Kiefern zu packen. Die wunderschöne Färbung dieser Frösche besteht aus unregelmäßigen Flecken und Streifen, die wohl nur die Aufgabe haben, die Konturen des Frosches in seiner Umwelt verschwimmen zu lassen.

Als weitere Anpassung an die gefräßige Lebensweise können auch die relativ langen, spitzen und leicht gekrümmten Kiefer- und Gaumenzähne angesehen werden. Überhaupt verfügt diese Gattung über ein interessantes Beutefangverhalten, das JENNY (1988) genauer untersuchte: Schmuckhornfrösche verfolgen ihre Beute fast nie aktiv – selbst Orientierungsbewegungen in die Richtung eines potenziellen Opfers stellen die absolute Ausnahme dar, da jede noch so kleine Bewegung die Beute vertreiben könnte. JENNY stellte fest, dass die Frösche daher stets warten, bis die Beute in ihre direkte Reichweite kommt. Als solche gilt eine Distanz, aus der das Opfer im Sprung noch mit dem Maul erfasst werden kann (sie entspricht etwa 150 % der Körperlänge). Hat ein solcher Frosch ein Futtertier entdeckt und ist dieses in seine Reichweite gelangt, so springt er plötzlich hoch und ergreift die Beute noch während des Aufsetzens der Vorderbeine mit seiner Zunge; diese wird in nur 0,03 Sekunden so nach vorne geklappt, dass ihre Oberseite auf dem Opfer zu liegen kommt, dann wird sie mit der Beute wieder ins Maul gezogen. Ein Entkommen ist nahezu ausgeschlossen, da die spitzen, nach hinten gebogenen Zähne die Beute optimal festhalten.

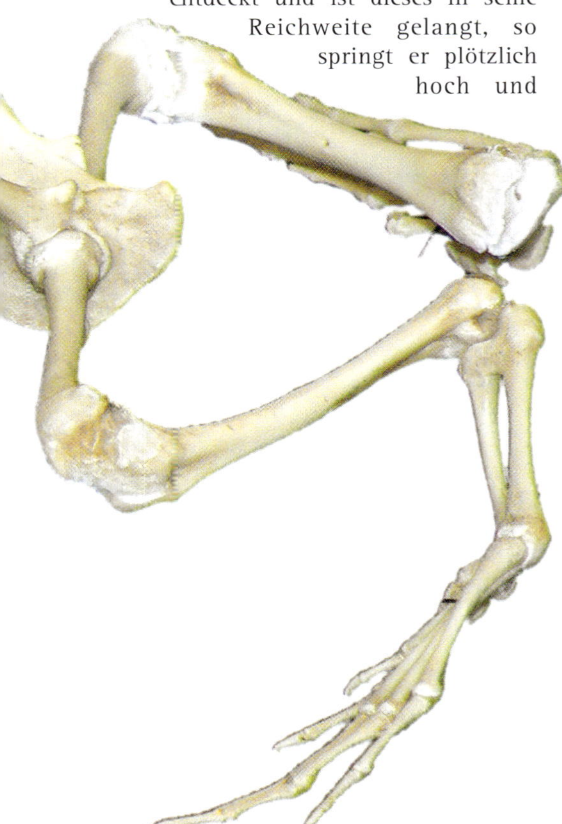

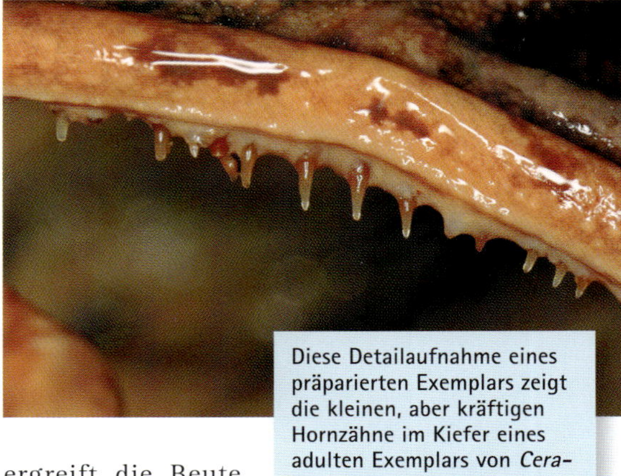

Diese Detailaufnahme eines präparierten Exemplars zeigt die kleinen, aber kräftigen Hornzähne im Kiefer eines adulten Exemplars von *Ceratophrys aurita* Foto: A. Kwet

Um ihrer Aufgabe gerecht zu werden, besitzt auch die Zunge einen speziellen Aufbau: Von oben wirkt sie tellerförmig, wobei ihre keulenförmige Spitze leicht herzförmig eingekerbt ist, sie kann sich aber auch zu einer runden Scheibe formen. Auf der Oberseite befindet sich eine spezielle Schleimhaut aus artspezifisch geformten Papillen. Der hier erzeugte, besonders klebrige Schleim sorgt für eine bessere Haftung der Beute an der Zunge. JENNY beobachtete, dass Schmuckhornfrösche in der Tat große Mühe haben, die Zunge nach dem Zuschnappen wieder zu lösen, wenn anstatt der Beute einmal die Glasscheibe ihres Terrariums getroffen wurde – im Gegenteil zu den anderen von ihm untersuchten Anuren. Bei *Ceratophrys* blieb auf der Scheibe stets ein kleiner, nur schwer abwaschbarer Schleimklecks zurück. Außerdem konnte dieser Autor von der Art der Bezahnung auf die bevorzugen Beutetiere schließen. Da die Aktivität der Schmuckhornfrösche stark von Niederschlägen

Ceratophrys joazeirensis
Foto: K. Kunz

abhängt, fallen ihnen andere Froschlurche, die dann ebenfalls aktiv sind, wahrscheinlich am häufigsten zur Beute. Dies erklärt auch die bei *Ceratophrys* für einen Lurch auffallend kräftig ausgeprägte Bezahnung, die das Festhalten schlüpfriger Beutetiere erleichtert.

Eine weitere Besonderheit, die ansonsten nur bei sehr wenigen Amphibien zu beobachten ist und auch unter Schmuckhornfröschen nur bei zwei Arten (nämlich *C. aurita* und *C. ornata*) auftritt, sind Knochenplatten in der Rückenhaut. Es handelt sich um eine Art Hautskelett, dessen Bedeutung bis heute nicht richtig geklärt ist; wahrscheinlich soll es den Fröschen einen zusätzlichen mechanischen Schutz verleihen. Eine genauere Untersuchung dieser interessanten anatomischen Besonderheit nahm erstmals Boldt (1911) anhand von *C. aurita* vor und fand heraus, dass es sich bei diesem Schild um isoliert in der Haut liegende Knochenplatten handelt, die keinerlei Beziehung zum Innenskelett der Tiere aufweisen. Bei *C. aurita* setzt er sich – im Gegensatz zu *C. ornata* – sogar aus mehreren Elementen zusammen, die durch Bindegewebe beweglich miteinander verbunden sind.

Die Oberhaut der Schmuckhornfrösche ist dagegen vergleichsweise dünn und besteht nur aus einer flachen, toten Hornschicht. Ihre Oberflächenbeschaffenheit ist je nach Art glatt oder warzig. Sie stellt einen Kompromiss zwischen einem Schutz vor Feuchtigkeitsverlust und einem Organ der Hautatmung dar. Da sich die äußere Hautschicht abnutzt und nicht mitwächst, muss sie regelmäßig erneuert werden. Vor der Häutung haben die Frösche unter der alten Hornschicht bereits eine neue angelegt. Während des Häutungsvorgangs platzt die alte Haut auf, wird dann abgestreift und in der Regel verzehrt. In den darunterliegenden Hautschichten befinden sich spezielle Pigmentzellen, welche die Farbenpracht ermöglichen, aber auch zahlreiche Schleim und Toxine absondernde Drüsen. Die Gifte schützen die feuchte Haut vor Infektionen mit allgegenwärtigen Pilzen oder Bakterien. Auch die zum Graben dienenden Fersenhöcker stellen letztlich stark verhornte Areale der Amphibienhaut an den Beinen dar.

Verhalten und Aktivität

Schmuckhornfrösche sind von Natur aus nachtaktive Einzelgänger, die sich bevorzugt ein Stück weit im Erdreich vergraben aufhalten. Die meisten Arten bevorzugen eher offene Landschaften unweit von flachen, wenigstens zur Regenzeit zeitweise gefüllten Wasseransammlungen; nur wenige Spezies leben in geschlossenen Wäldern.

Die bodenbewohnenden Frösche verbringen die meiste Zeit damit, ruhig auf ihre Beute zu lauern. Hierzu scharren sie mithilfe der Hornhöcker an ihren Fersen flache Kuhlen – etwa so tief, dass sie halb eingegraben und bis auf den Kopf darin verborgen sind. Als Ansitzjäger warten sie dort und attackieren jedes potenzielle Beuteobjekt, das sie mit einem Sprung erreichen können. Sie versuchen stets, alles zu packen, was sich bewegt und eben noch in ihr riesiges Maul passt. Hauptsächlich nachts oder während bzw. nach heftigen Regenfällen kann es auch vorkommen, dass die Tiere kurze Spaziergänge unternehmen. Aufgrund ihrer enormen Körperausmaße und kurzen Beine sind

Aufgeblasen und hoch aufgestellt droht dieser Schmuckhornfrosch, der gerade Beute gemacht hat
Foto: W. Schmidt

sie schlechte Läufer und Springer, die kleine Strecken notfalls hochbeinig laufen oder in kurzen Sätzen überwinden.

Schmuckhornfrösche sind wechselwarme Tiere, die ihre Körpertemperatur nicht konstant halten bzw. regulieren können, sondern in diesem Punkt von der Umgebungswärme abhängen: Steigt diese an, so nimmt auch die Körpertemperatur zu – und damit die Intensität aller physiologischen Prozesse. Schmuckhornfrösche werden somit auch passiver, wenn die Umgebungstemperaturen sinken. Da in ihren natürlichen Verbreitungsgebieten, den Tropen und Subtropen Südamerikas (abgesehen von den Populationen im gemäßigten Süden Argentiniens), die Temperaturen ganzjährig relativ konstant sind, ist es oftmals die Feuchtigkeit, die über Aktivität und Fortpflanzung entscheidet. Als Anpassung an trockene Jahreszeiten legen die Vertreter entsprechender Populationen unter Umständen eine Trockenruhe ein.

Zumindest Erwähnung verdient der Ruf der Schmuckhornfrösche, denn auch bei dieser Froschgattung versuchen die Männchen nachts, ihre Partnerinnen durch ein lautes „Rufkonzert" auf sich aufmerksam zu machen. Diese Rufe fallen artspezifisch aus und klingen wie ein einfaches oder tief grollendes „Quak" bzw. erinnern entfernt an das Brüllen einer Kuh. Dank der Möglichkeiten des Internets kann man sich bei YouTube die entsprechenden Rufe schon vor der Anschaffung eines Schmuckhornfrosches anhören. Im Terrarium wird dieses Rufverhalten gelegentlich auch schon durch andere Frösche oder Klimaschwankungen stimuliert. Die Hauptrufaktivitätszeit liegt etwa zwischen 22 und 24 Uhr (also nicht gerade mieterfreundlich), andererseits rief bei uns ein Männchen auch schon bis 4 Uhr morgens. Töne können sowohl Männchen als auch Weibchen erzeugen, Letztere aber meist nur zur Verteidigung. Diese Laute erinnern etwas an das Zischen einer Schlange oder an heftiges Knurren.

Zum Abschluss dieses Kapitels wollen wir noch kurz auf das Verteidigungsverhalten der Frösche eingehen. Da die Tiere nicht zu einer schnellen Flucht befähigt sind, halten sie sich an den Grundsatz „Angriff ist die beste Verteidigung" – und springen furchtlos jedem Eindringling entgegen, der in ihre Reichweite gerät. Dabei kann es passieren, dass sie sich in der Größe des Gegners verschätzen oder dass ein auserkorenes Opfer in Wirklichkeit selbst ein

Keine Angst vor großen Feinden Foto: W. Schmidt

Ceratophrys stolzmanni vergräbt sich gerne im Schlamm
Foto: F. W. Henkel

Räuber ist. Da eine aussichtsreiche Flucht nun unmöglich ist, nehmen die Tiere eine Art Drohstellung ein: Sie blähen ihren ohnehin schon großen Körper beträchtlich auf und stellen sich überdies hoch auf die Beine, um so noch größer zu wirken und damit – etwa einer froschfressenden Schlange – zu signalisieren: „Ich bin zu groß für dich“. Ein solches Verteidigungsverhalten beschrieben z. B. HONEGGER et al. (1985).

Schon wer sich nur als harmloser Pfleger der „Behausung“ eines Hornfrosches von oben nähert, kann manchmal ein äußerst imposantes Abwehrverhalten beobachten: Die Tiere springen leicht in die Höhe, öffnen ihre furchterregenden Kiefer und stoßen dabei ein markerschütterndes Quaken aus. Jeder, der ihnen nähertreten wollte, weicht nun erst einmal einen Schritt zurück. Bietet man den Fröschen in dieser Situation eine frisch getötete Maus an, so vergehen immer erst einige Minuten, bis das Tier sich beruhigt hat und die Beute verschlungen ist.

Dasselbe Tier nach einem Wasserbad
Foto: F. W. Henkel

Trockenruhe

Bei genauem Studium der Klimadaten wird deutlich, dass fast alle Hornfroscharten in ihren jeweiligen Verbreitungsgebieten mehr oder minder ausgeprägten Regen- und Trockenzeiten ausgesetzt sind. Dabei reicht das Spektrum von zwei- bis dreimonatigen Regenzeiten und langen Dürreperioden bis zu ganzjährigen Niederschlägen mit einer erheblichen saisonalen Steigerung.

Für Arten aus Gebieten mit einer deutlich ausgeprägten Trockenzeit gilt in der Regel, dass sich die Frösche während der klimatisch ungünstigen Periode in tiefere Erdverstecke zurückziehen. Dieses Verhalten, das den Tieren eine Menge Vorteile bringt, bezeichnet man auch als Trockenruhe. Ihr Ziel ist es, während der trockenen, in den südlichen Regionen oft auch kühleren und vor allem nahrungsarmen Jahreszeit Energie zu sparen und sich vor allzu hohem Feuchtigkeitsverlust zu schützen. Die Alternative hieße – zumindest in manchen Gebieten – Verhungern oder Vertrocknen. Nur dank der Trockenruhe können Schmuckhornfrösche beispielsweise in den trockeneren Zonen des Chaco und der Caatinga überleben.

Dieser Pazifische Schmuckhornfrosch wurde aus seinem Trockenschlaf ausgegraben
Foto: P. Janzen

Ceratophrys cranwelli bildet während der Trockenruhe eine Art Kokon zum Schutz vor Feuchtigkeitsverlust
Foto: H. Nigl

Während der Phase der Trockenruhe fahren die Tiere ihren gesamten Stoffwechsel deutlich herunter, genau wie echte Winterschläfer. Die Nahrungsaufnahme und damit der Energieverbrauch sinken um ca. 60 %, und die Größe des Darms bzw. der Darmoberfläche reduziert sich um über 40 %. Die Dauer der Sommerruhe richtet sich nach den Witterungsbedingungen und kann zwischen zwei Wochen und 2–3 Monaten betragen. Es sind die erneut einsetzenden Regenfälle, die das ruhende Tier schließlich zur Wiederaufnahme seiner Aktivitäten veranlassen. Sobald es wieder Nahrung gibt, erreicht auch der Darm seine Normalgröße. Die exakten physiologischen Vorgänge im Organismus trockenruhender Amphibien wurden bisher noch nicht erforscht – sicher erfolgt die Einleitung der Ruhephase unter Hormoneinfluss. Zu den äußeren hierfür verantwortlichen Faktoren zählen vermutlich ausbleibende Regenfälle, eine geringere Umgebungsfeuchte und sinkende Temperaturen.

In der Natur scheint bei einigen Arten die Trockenruhe Teil des normalen Jahresablaufs zu sein. Die Schmuckhornfrösche graben sich in den entsprechenden Jahreszeiten mithilfe ihrer Fersenhöcker tief in den Boden ein und fahren den Stoffwechsel weit herunter. Dieses Verhalten zeigen sie auch im Terrarium, sofern man die äußeren Bedingungen entsprechend gestaltet. Obwohl die Frösche auch ohne diese inaktive Phase offenbar zurechtkommen, ist eine Trockenruhe für die erfolgreiche natürliche Nachzucht unabdingbare Voraussetzung.

Wie alt können Schmuckhornfrösche werden?

Ceratophrys stolzmanni im Terrarium
Foto: K. Kunz

Jeder, der einmal Schmuckhornfrösche pflegen möchte, sollte vor ihrer Anschaffung bedenken, dass alle Arten in menschlicher Obhut eine relativ hohe Lebenserwartung aufweisen. Während dieser ganzen Zeit übernimmt man auch die Verantwortung für das Tier. Natürlich kann man davon ausgehen, dass sich gegebenenfalls jemand finden würde, der die Schmuckhornfrösche später übernimmt und weiterpflegt, aber Angebot und Nachfrage unterliegen auch in unserem Hobby gewissen Modetrends – so kann es leicht passieren, dass Schmuckhornfrösche auf einmal nicht mehr sonderlich gefragt sind.

Leider gibt es bis heute keine Freilandstudien zum Höchstalter der einzelnen Arten. In der allgemeinen Literatur und im Internet findet man lediglich vereinzelte Hinweise, wonach Schmuckhornfrösche etwa 10–25 Jahre alt werden können. Artikel, in denen ein Halter präzise belegt, er habe seinen Schmuckhornfrosch über eine bestimmte Anzahl von Jahren gepflegt, sind uns ebenfalls nicht bekannt. Bartlett et al. (2000) geben eine Lebenserwartung von maximal 10–15 Jahren an.

Anschaffung

Beim Erwerb dieser Frösche steht man nicht nur vor dem Problem, Artzugehörigkeit und gewünschtes Geschlecht festzustellen, sondern es gilt auch, den individuellen Zustand eingehend zu prüfen. Bei erkennbaren Indizien für Erkrankungen oder schlechte Pflegebedingungen sollten Sie unbedingt vom Kauf absehen. Dazu gehören etwa eingefallene Flanken (durch mangelhafte Ernährung) und matte Farben sowie Schäden an Haut, Extremitäten, Maul oder Augen – Hautschäden können Einfallstore für schwer zu behandelnde Infektionen oder Mykosen sein. Außerdem sollten die Tiere grundsätzlich auf jede Annäherung der Hand mit Verteidigungs- bzw. Fressverhalten reagieren.

Glücklicherweise ist es heute kein Problem mehr, gesunde Nachzuchten zu erwerben. Zwar sind diese in den meisten Fällen grundsätzlich erst einmal parasitenfrei, doch auch Nachzuchttiere können sich infolge mangelhafter Hygiene später mit Parasiten und Krankheiten infizieren – und viele der importierten Nachzuchten von *C. stolzmanni* z. B. enthielten durchaus Parasiten. Daher sollte man alle neu erworbenen Tiere während der ersten Wochen zunächst einzeln in Quarantänebecken unterbringen. Dazu eignen sich kleinere Rack-Terrarien oder Faunaboxen, deren Einrichtung eine gute Kontrolle zulässt: Sie braucht lediglich aus einer flachen Bodenschicht (wie

Präsentation in Japan gezüchteter Designer-Morphen auf einer amerikanischen Börse Foto: W. Schmidt

Verkauf auf einer Börse
Foto: F. W. Henkel

Sand, Erde oder auch Zeitungsschichten), einer kleinen Wasserschale und zur Deckung einigen Kunstpflanzen zu bestehen. Vor allem in den USA werden die Tiere mit sehr gutem Erfolg sogar dauerhaft in solchen kleinen Rack-Terrarien gehalten, die einen etwa 1 cm hohen Wasserstand aufweisen und ansonsten lediglich eine Schicht Blähtonkügelchen (für Pflanzen-Hydrokultur) enthalten, die je nach Größe des Frosches 2–5 cm hoch ist. Die Grundbedürfnisse der gepflegten Art in puncto Temperatur, Feuchtigkeit, Versteckmöglichkeiten sowie Ernährung müssen natürlich auch in solchen Behältern befriedigt werden.

Nach Möglichkeit sollte man schon den ersten Kot neu erworbener Tiere durch einen qualifizierten Tierarzt oder ein entsprechendes Labor auf Parasiten untersuchen lassen. Hierzu werden die Exkremente kurz nach Ankunft des Hornfrosches eingesammelt und – gründlich vor Eintrocknung geschützt (beispielsweise in einer Filmdose) – nach Absprache zur Untersuchungsstelle gebracht oder geschickt. Stellt diese eine pathogene (Krankheiten verursachende) Konzentration von Erregern fest, sind

Problem bei der gemeinsamen Aufzucht: Ein Schmuckhornfrosch frisst sein Geschwisterchen
Foto: W. Schmidt

die Tiere nach Anweisung zu behandeln. Ist dies nicht der Fall, sollte nach drei Wochen erneut eine Probe analysiert werden, um evtl. doch vorhandene, aber zuvor noch nicht nachweisbare Entwicklungsstufen der Erreger ausschließen zu können. Erst wenn sich auch jetzt ein negativer Befund ergibt, dürfen die Schmuckhornfrösche in ihr endgültiges Terrarium umziehen.

Wer glaubt, dass dieser Frosch loslässt, der irrt
Foto: W. Schmidt

Ernährung

Ceratophrys cranwelli frisst gern Fische
Foto: F. W. Henkel

Grundsätzlich bereitet die Ernährung von Schmuckhornfröschen keine Probleme, gibt es doch kaum gefräßigere Tiere. Ihr natürliches Beutespektrum umfasst offenbar alles Fressbare und gerade noch zu Überwältigende, was an den Lurchen zufällig vorbeiläuft. Während andere Amphibien und Reptilien in aller Regel eine gewisse Vorsicht walten lassen, scheint der Fresstrieb bei dieser Art fast unstillbar zu sein. So berichten Honegger et al. (1985), dass ein gerade aus dem Maul eines Artgenossen befreites Tier (jeder, der schon mal einen Schmuckhornfrosch am Finger hängen hatte, weiß, was das bedeutet) nach nur fünf Minuten erneut bereit war, nach Futter zu schnappen. Und auch was die Auswahl ihrer Futtertiere angeht, sind diese Frösche meist wenig wählerisch.

Daher beschäftigen wir uns hier mehr mit den Fragen: Was kann man verfüttern? Wie viel bzw. wie oft werden die Tiere gefüttert? Woher bekommt man geeignetes Futter? Und wie sieht eine ausgewogene Versorgung mit Vitaminen und Mineralstoffen aus?

Mäuse sollten nur sehr selten verfüttert werden
Foto: C. Langner

In zahlreichen gut sortierten Zoofachgeschäften sowie auf Amphibien- und/oder Reptilienbörsen lassen sich heute problemlos die unterschiedlichsten Sorten von Futtertieren in ausreichender Menge beschaffen. Außerdem kann man zahlreiche Insektenarten auch im Abonnement von einem der immer zahlreicheren Zuchtbetriebe beziehen (einschlägige Adressen bieten die im Anhang genannten Fachzeitschriften). Neben der Quantität sind aber auch ausgewogene Zusammenstellung und hochwertige Qualität der Futtertiere wichtige Voraussetzungen für die Gesundheit und das lange Leben unserer Frösche – und damit Garant für dauerhafte Haltungs- und Zuchterfolge. Wer in Sachen Qualität auf Nummer sicher gehen und eigene Futterzuchten betreiben möchte, sollte z. B. das Buch von Bruse et al. (2003) studieren.

In der Natur fressen Schmuckhornfrösche wie erwähnt nahezu alles, was sie nur erbeuten können. Eine interessante Beobachtung stammt von Jenny (1988), dessen Fütterungsversuche zeigten, dass *Ceratophrys* vor allem andere Anuren sofort erfolgreich angreift und frisst, sobald diese in seine Reichweite gelangen – selbst dann, wenn diese Beute sich nicht bewegt. Jenny (1988) schloss auch aus seinen Beobachtungen, dass die kleinen, spitzen, rückwärts gekrümmten Zähne ideal für das Verschlingen glitschiger Beute (also Amphibien) sind, was Basso (1990) anhand seiner Untersuchungen der Mageninhalte von 34 *Ceratophrys ornata* aus Argentinien eindrucksvoll bestätigen konnte. Dieser Forscher stellte fest, dass sich das Nahrungsvolumen der untersuchten Tiere zu fast 80 % aus verschiedenen Froschlurchen zusammensetzte (s. Artkapitel *C. ornata*). Auch Grayson et al. (2005) fanden in einer umfangreichen Feldstudie über *C. cornuta* heraus, dass Wirbeltiere für adulte Frösche eine sehr wichtige Rolle als Nahrung spielten: Sie bildeten zwar nur 3 % des gesamten Beutespektrums, lieferten aber stolze 53 % der Beutemasse (wobei allein Mäuse 33 % der Masse ausmachten).

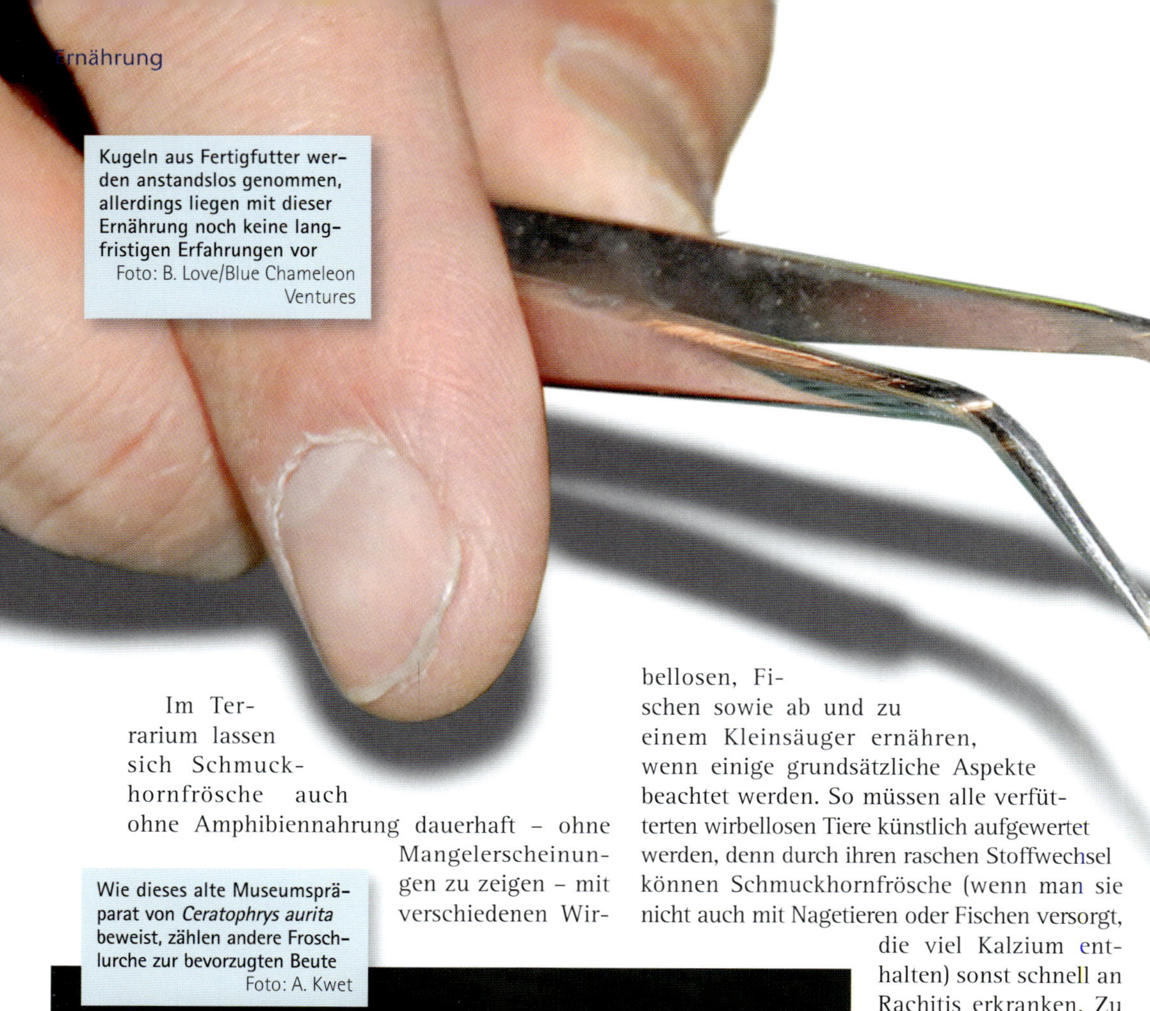

Kugeln aus Fertigfutter werden anstandslos genommen, allerdings liegen mit dieser Ernährung noch keine langfristigen Erfahrungen vor
Foto: B. Love/Blue Chameleon Ventures

Im Terrarium lassen sich Schmuckhornfrösche auch ohne Amphibiennahrung dauerhaft – ohne Mangelerscheinungen zu zeigen – mit verschiedenen Wirbellosen, Fischen sowie ab und zu einem Kleinsäuger ernähren, wenn einige grundsätzliche Aspekte beachtet werden. So müssen alle verfütterten wirbellosen Tiere künstlich aufgewertet werden, denn durch ihren raschen Stoffwechsel können Schmuckhornfrösche (wenn man sie nicht auch mit Nagetieren oder Fischen versorgt, die viel Kalzium enthalten) sonst schnell an Rachitis erkranken. Zu diesem Zweck stäubt man das Futter mit geeigneten Mischungen aus Vitaminen, Mineralstoffen und Aminosäuren ein (etwa Korvimin ZVT für Reptilien, ein Produkt der Wirtschaftsgenossenschaft deutscher Tierärzte in Garbsen bei Hannover, das man beim Tierarzt erhält; oder das im Zoofachhandel angebotene Präparat Herpetal Complete/Mineral). Vor dem

Wie dieses alte Museumspräparat von *Ceratophrys aurita* beweist, zählen andere Froschlurche zur bevorzugten Beute
Foto: A. Kwet

Verfüttern schüttet man die Insekten in eine ausreichend große glattwandige Dose, gibt eine Messerspritze des Vitaminpulvers hinzu und schüttelt das Ganze, bis alle Tiere regelrecht eingepudert sind. Im Anschluss daran werden so viele Futtertiere wie nötig ins Terrarium gegeben oder mit der Pinzette angeboten.

Jungtiere erhalten je nach Größe Regenwürmer, kleine und mittlere Grillen, kleine Heuschrecken, Wachsraupen, kleinere Schaben, Asseln, Ofenfischchen, Spinnen, Mehlwürmer usw. Größere Tiere bekommen dann kleinere Fische, Grillen, Schaben, Heuschrecken, große Regenwürmer und Ähnliches sowie ab und zu ein Mäusebaby, während man ausgewachsenen Vertretern der großen Arten große Wirbellose und Fische reicht, sehr selten auch einmal eine Maus oder eine junge Ratte. Verfüttert man Nager zu häufig, drohen verschiedenste Krankheiten der Frösche, bis hin zu deren vorzeitigem Ableben.

Besonders zugute kommt uns, dass Schmuckhornfrösche auch tote Futtertiere akzeptieren. So kann man etwa Mäusebabys und andere Nager tiefgefroren kaufen, bei Bedarf einfach auftauen und unverzüglich verfüttern. Sobald man derartige Futterbrocken mit einer Pinzette vor den Fröschen hin- und herbewegt, werden sie mit dem Maul geschnappt und sofort verschlungen. Auch Regenwürmer und andere Futtertiere, die sich sonst sehr schnell im Terrarium verstecken und dann praktisch unerreichbar bleiben, sollten stets mithilfe einer Pinzette verfüttert werden, während man Beutetiere, die sich vergleichsweise aktiv frei im Behälter bewegen, auch einfach so hineingeben kann.

In aller Regel akzeptieren die Frösche die ihnen angebotenen Beutetiere ohne Weiteres als Nahrung. Nur allzu üppig mit den erwähnten Mischungen aus Vitaminen, Mineralstoffen und Aminosäuren eingestäubte Futterbrocken können gelegentlich wieder ausgewürgt werden.

Insekten sollten ihrerseits hochwertig ernährt und unmittelbar vor dem Verfüttern mit Vitaminen und Mineralstoffen eingestäubt werden
Foto: K. Kunz

Nach unseren Erfahrungen nehmen die Lurche bei gesteigertem Appetit aber selbst solches Futter problemlos an.

Während Jungtiere – vor allem in der ersten Zeit – täglich gefüttert werden, erhalten normal genährte Halbwüchsige nur noch etwa zwei Mal pro Woche eine ausreichende Anzahl von Futtertieren. Bei vollgewichtigen Erwachsenen reicht dann später eine wöchentliche Fütterung. Schwieriger gestaltet es sich schon, die nötige Futtermenge richtig einzuschätzen. Auch Schmuckhornfrösche neigen bei Überversorgung zu Fettleibigkeit, zumal wenn sie als Hauptfutter Nagetiere oder Fische erhalten. Hier gilt es, die Tiere genau zu beobachten, um das ideale Quantum abschätzen zu können. Pauschale Mengenangaben würden den Fröschen indes nicht gerecht, weshalb wir empfehlen, aufmerksam zu verfolgen, wie viel sie jeweils fressen und ob sie dabei abmagern bzw. zunehmen, um dann die Futtermenge individuell festzulegen.

In Japan schon groß in Mode, bei uns jedoch erst selten erhältlich, ist Kunstfutter für Schmuckhornfrösche. Diese auf Fischmehl basierende Nahrung, die ausreichende Mengen von Vitaminen und Mineralstoffen enthalten soll, wird einfach mit etwas Wasser angerührt, bis sich daraus relativ feste Bällchen formen lassen, die man dann mittels Pinzette an die Tiere verfüttert. Bei uns nahmen sie alle Frösche ohne Probleme an. Allerdings fehlen nicht nur konkrete Inhaltsangaben auf der Verpackung, sondern auch langjährige Erfahrungen mit der Verfütterung solchen Kunstfutters.

Wenn man sich einmal anschaut, welche riesigen Mengen die Tiere fressen und wie bescheiden ihre Exkremente im Verhältnis dazu wirken, stellt sich schon die Frage: Was machen sie eigentlich mit dem Rest der Nahrung? Beim Betrachten ihres Körperbaus findet man schnell die Antwort: Die Frösche investieren einen Großteil der aufgenommenen Nährstoffe ins Wachstum bzw. später in Fettreserven.

Grayson et al. (2005) wiesen nach, dass sich *C. cranwelli* durch eine hohe Energieausnutzung (d. h. eine maximale Nährstoffausbeute bei geringem Verdauungsaufwand) auszeichnet. Im Einzelnen abhängig von physiologischen und äußeren Faktoren (Temperatur, Nahrungsmenge und Körpermasse), beträgt der für den Verdauungsprozess nötige Energieaufwand nur 10–30 % der verdauten Nahrung, womit ein Großteil des Rests für das Wachstum zur Verfügung steht. Zudem zeigen Chaco-Schmuckhornfrösche im Ruhezustand eine sehr geringe Stoffwechselrate, die erst nach dem Beutefang erheblich ansteigt.

Interessant sind auch die Ergebnisse eines weiteren Versuchs dieser Wissenschaftler: So ernährten sie eine Gruppe von *C. cranwelli* in einem Fall ausschließlich mit Wirbellosen (Regenwürmern), im anderen dagegen mit Wirbeltieren (Mäusebabys). Alle Frösche erhielten volle sechs

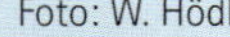

Die natürliche Nahrung von Schmuckhornfröschen besteht zum großen Teil aus Amphibien, hier wird ein *Bufo margaritifer* Beute von *Ceratophrys cornuta*
Foto: W. Hödl

Auch Jungtiere sollten Nager nur selten erhalten, da sonst beispielsweise Hypervitaminosen drohen Foto: W. Schmidt

Wochen lang drei Mal wöchentlich je 10 % ihrer Körpermasse an Futter. Die Wissenschaftler maßen dann die Effizienz des Wachstums und der Massenumwandlung, bezogen auf die unterschiedlichen Futtertiere. Ergebnis: Mit Mäusen gefütterte Schmuckhornfrösche zeigten ein exponenzielles Wachstum (ihr Gewicht lag am Ende des Experiments um 300 % höher),

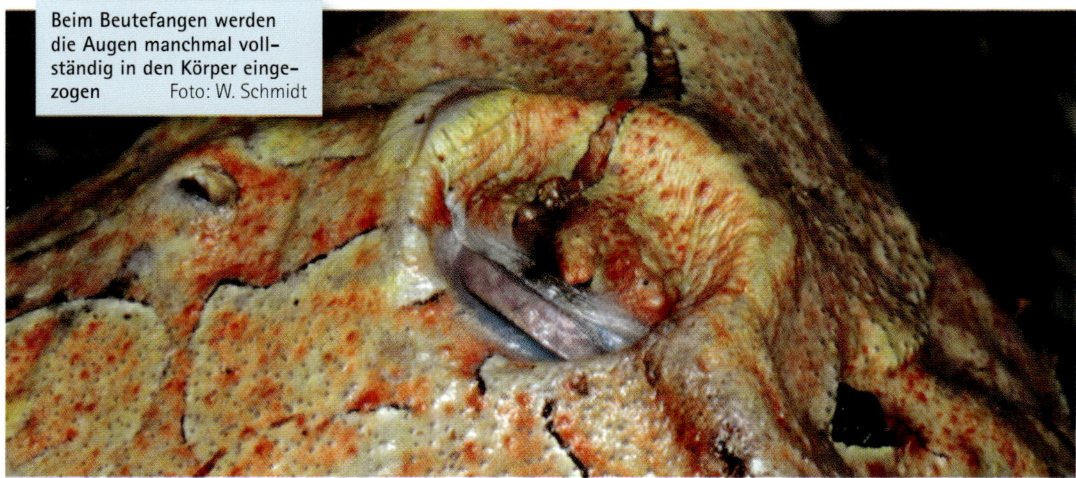

Beim Beutefangen werden die Augen manchmal vollständig in den Körper eingezogen Foto: W. Schmidt

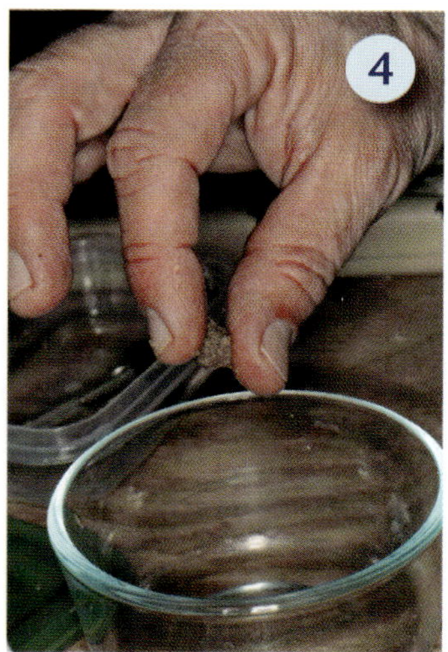

mit Regenwürmern ernährte Tiere dagegen ein lineares (die Zunahme betrug hier nur 100 %). Proteinreiche Nahrung sorgt also bei gleicher Menge für ein schnelleres Wachstum. In der Natur – so mutmaßen die Wissenschaftler – bietet ein rascheres Erreichen der Endgröße viele Vorteile, unter anderem frühere Geschlechtsreife und besseren Schutz vor kleineren Fressfeinden, im Terrarium dagegen verfetten nur mit Nagern ernährte Schmuckhornfrösche rasch und entwickeln diverse gesundheitliche Probleme.

Das Kunstfutter in Pulverform (1) wird vor dem Verfüttern mit Wasser versetzt (2), gut vermischt (3), zu einem Klumpen geformt (4) und von der Pinzette verfüttert (5)

Fotos: W. Schmidt

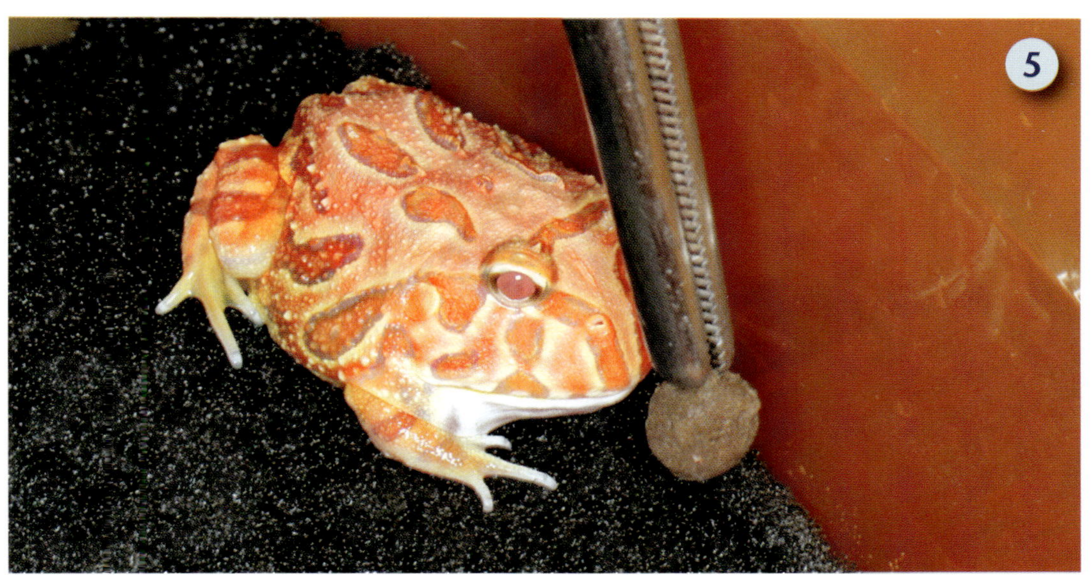

Pflege im Terrarium

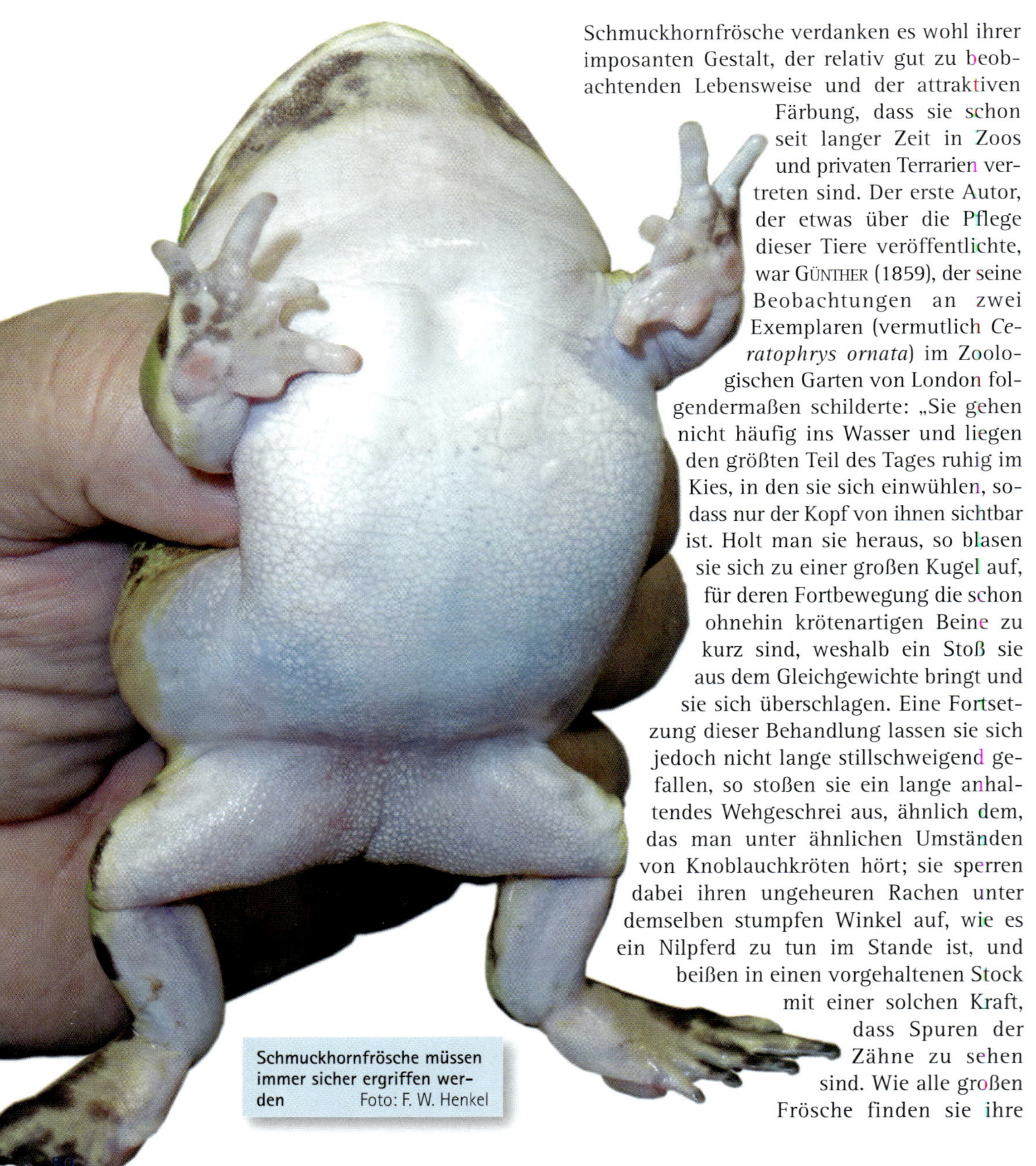

Schmuckhornfrösche müssen immer sicher ergriffen werden Foto: F. W. Henkel

Schmuckhornfrösche verdanken es wohl ihrer imposanten Gestalt, der relativ gut zu beobachtenden Lebensweise und der attraktiven Färbung, dass sie schon seit langer Zeit in Zoos und privaten Terrarien vertreten sind. Der erste Autor, der etwas über die Pflege dieser Tiere veröffentlichte, war GÜNTHER (1859), der seine Beobachtungen an zwei Exemplaren (vermutlich *Ceratophrys ornata*) im Zoologischen Garten von London folgendermaßen schilderte: „Sie gehen nicht häufig ins Wasser und liegen den größten Teil des Tages ruhig im Kies, in den sie sich einwühlen, sodass nur der Kopf von ihnen sichtbar ist. Holt man sie heraus, so blasen sie sich zu einer großen Kugel auf, für deren Fortbewegung die schon ohnehin krötenartigen Beine zu kurz sind, weshalb ein Stoß sie aus dem Gleichgewichte bringt und sie sich überschlagen. Eine Fortsetzung dieser Behandlung lassen sie sich jedoch nicht lange stillschweigend gefallen, so stoßen sie ein lange anhaltendes Wehgeschrei aus, ähnlich dem, das man unter ähnlichen Umständen von Knoblauchkröten hört; sie sperren dabei ihren ungeheuren Rachen unter demselben stumpfen Winkel auf, wie es ein Nilpferd zu tun im Stande ist, und beißen in einen vorgehaltenen Stock mit einer solchen Kraft, dass Spuren der Zähne zu sehen sind. Wie alle großen Frösche finden sie ihre

Erst wird so lange gewürgt, bis nichts mehr geht, dann hilft nur noch Wasser
Fotos: W. Schmidt

Hauptnahrung in ihren nächsten Verwandten, so werden Grasfrösche von zwei Dritteln ihrer eigenen Größe mit einem einzigen Ruck ihres Körpers ergriffen und in wenigen Minuten verschlungen."

Und auch einer der Väter der modernen Terraristik, nämlich FISCHER (1884), warnt in seinem Standardwerk „Das Terrarium" bereits vor der Gefräßigkeit von Schmuckhornfröschen.

Trotzdem oder gerade wegen dieses „mutigen" und gefräßigen Verhaltens sind diese Frösche ideale und beliebte Pfleglinge in unseren Terrarien. Sie besitzen eine vergleichsweise robuste Natur und sind relativ unempfindlich, sofern man nur ihre Grundansprüche an Nahrung und Unterbringung befriedigt. Lediglich im Umgang mit größeren Exemplaren sollte man stets etwas Vorsicht walten lassen. Bei unvorsichtigem Hantieren im Terrarium kann es nämlich sehr schnell geschehen, dass ein Frosch unsere sich bewegende Hand als etwas Fressbares interpretiert und plötzlich nach ihr schnappt. Bei der ungeheuren Kraft und durch die spitzen Zähne ausgewachsener Tiere kommt es dann leicht zu kleineren blutenden Verletzungen. Und damit nicht genug: Statt dass der Schmuckhornfrosch die Finger nun wieder freigibt, versucht er oftmals, sie immer weiter zu verschlingen – ohne Rücksicht auf den Menschen, an dem sie hängen. Gelingt es nicht, die Finger vorsichtig aus dem Maul zu befreien, ohne das Tier zu verletzen, hat es bei uns stets ausgereicht, dem Frosch etwas Wasser ins Maul laufen lassen, bis er von selbst loslässt.

Jedes Hantieren mit den Fröschen sollte schon aus diesem Grund auf ein Minimum beschränkt bleiben und – auch zum Wohle der Tiere –nur dann erfolgen, wenn es unbedingt nötig ist (z. B. beim Umsetzen). Ständige Manipulationen lösen bei Schmuckhornfröschen erheblichen Stress aus, was in Einzelfällen bis zum zeitweiligen Verweigern des Futters führen kann. Besondere Vorsicht sollte man bei kleinen

Kindern walten lassen, die z. B. nie unbeaufsichtigt die Frösche füttern sollten.

Blutende Wunden nach einem Biss sind auf jeden Fall unverzüglich zu desinfizieren. Es wird leider immer wieder unterschätzt, welche Verletzungen die spitzen Zähne dieser Lurche verursachen können. Muss man sie wirklich einmal aus ihrem Terrarium entnehmen (etwa beim Wechseln des Bodensubstrats), empfiehlt es sich, die Frösche mit einem festen Griff von hinten zwischen Vorderextremitäten und Bauch zu packen. Wer Probleme damit hat, kann ruhig auch Lederhandschuhe benutzen, wobei jedoch zu bedenken ist, dass diese das Feingefühl unserer Hände einschränken.

Ein anderer wichtiger Gesichtspunkt der Pflege betrifft das Thema Vergesellschaftung: Grundsätzlich ist auch in größeren Terrarien immer nur Einzelhaltung anzuraten. Dies liegt nicht etwa an einer hohen innerartlichen Aggressivität, sondern einzig am mehrfach geschilderten Fressverhalten dieser Frösche. Interessanterweise versuchen Jungtiere fast immer, einander zu verschlingen, sobald der Futterreiz durch das Gegenüber ausgelöst wurde. Je älter sie aber werden, desto mehr nimmt diese kannibalische Neigung ab. Ausgewachsene Tiere betrachten sich gegenseitig nicht mehr als Beute, doch kann es auch zwischen ihnen gelegentlich zu Unfällen kommen – dann stets im Zusammenhang mit der Fütterung.

Auch eine Vergesellschaftung mit anderen (sogar erheblich größeren) Fröschen gestaltet sich problematisch. Zur Warnung: Bei uns packte ein adultes Exemplar von *C. ornata* einmal einen um ein Drittel größeren Tomatenfrosch mit dem Maul, um ihn anschließend halb zu verschlingen. In diesem Zustand sind dann beide Tiere verendet – wobei man nicht klar erkennen konnte, ob der Tomatenfrosch schlichtweg zu groß oder sein Hautgift für den Schmuckhornfrosch tödlich war. Schmuckhornfrösche sollten also nur zur Fortpflanzung kurzzeitig in einem separaten Becken zusammengesetzt werden, ansonsten müssen wir Einzelhaltung empfehlen.

Terrarium

Als Erstes muss man sich Gedanken zum Ort machen, an dem das Terrarium aufgestellt werden soll. Neben rein ästhetischen Gesichtspunkten ist hier eine ganze Reihe wichtiger Faktoren zu bedenken. Alle Schmuckhornfrösche sind wechselwarme Tiere, die jeweils einen bestimmten artspezifischen Temperaturbereich benötigen, den man möglichst genau einhalten muss. Die größte Gefahr geht häufig von zu hohen Wärmegraden aus; folglich ist jede direkte Besonnung des Beckens zu vermeiden; vor allem kleine Glasbehälter können sich schnell so stark erwärmen, dass die für die Pfleglinge verträglichen Maximalwerte überschritten werden. Auch ist nicht grundsätzlich jeder Raum für Haltungszwecke geeignet, da besonders in Südzimmern und auf Dachböden im Sommer oft unerträglich hohe Temperaturen auftreten.

Doch nicht nur zu hohe Temperaturen bereiten Probleme: Da es sich bei Schmuckhornfröschen durchweg um tropische bzw. subtropische Anuren handelt, dürfen die Werte auch nicht zu stark absinken, und das Terrarienzimmer muss zur Winterzeit in aller

Ein großer Hornfrosch kann beim Zubeißen blutende Wunden verursachen
Foto: Herptile Farm NUANCE

Ceratophrys cornuta im halbschattigen Terrium
Foto: K. Kunz

Regel zusätzlich beheizt werden – eine Heizmatte unter dem Terrarium ist zwar auch möglich, würde den Behälter aber stark austrocknen; besser ist ein warmes Zimmer.

Ideal für die Haltung (nicht unbedingt Nachzucht) von Schmuckhornfröschen ist ein heller Standort in einem ganzjährig gleichmäßig warmen Raum. Überdies sollte der gewählte Platz möglichst frei von dauernden Störungsquellen wie Katzen, Hunden oder tobenden Kindern sein. Zum Wohlbefinden der Frösche trägt vor allem eine durchgängige nächtliche Ruhephase bei, die nicht durch ständiges Ein- und Ausschalten der Raumbeleuchtung unterbrochen wird.

In der Regel wird man versuchen, in einem Terrarium für Schmuckhornfrösche das natürliche Habitat der Tiere bzw. die dort herrschenden Lebensbedingungen möglichst naturgetreu zu simulieren – wobei man natürlich zwischen den verschiedenen entwicklungsabhängigen Haltungsformen unterscheiden muss (siehe Kapitel „Aufzucht der Kaulquappen" bzw. „Aufzucht der Jungfrösche").

Da sich umgewandelte Schmuckhornfrösche als typische Bodenbewohner durch eine sehr ruhige Lebensweise auszeichnen (den größten Teil des Tages verbringen sie als Lauerjäger halb eingegraben im Substrat), ist ihr Platzanspruch vergleichsweise gering. In jedem Fall sollte die Bodenfläche aber möglichst großzügig ausfallen, während die Terrarienhöhe nur für das Raumklima wichtig ist. Die Einrichtung kann im Prinzip einfach aus einer höheren Substratschicht und einer großen Wasserschale, die gleichzeitig als Badeplatz dient, gestaltet werden.

Aufgrund dieser geringen Erfordernisse kommen für Schmuckhornfrösche die unterschiedlichsten Behältertypen infrage, von ausrangierten Aquarien über Rack-Terrarien und andere Plastikboxen bis hin zu speziell für diese Tiere gefertigten Glasbehältern. Dank

Teil einer Terrarienanlage, in der auch *Ceratophrys stolzmanni* gepflegt wird
Foto: W. Schmidt

der steigenden Nachfrage hat sich das Angebot an käuflichen Fertigterrarien in jüngerer Zeit stark erweitert. So bieten etwa die Firmen Exo Terra und Lucky Reptile einige geeignete Typen auch als fertige Bausätze an, und bei Bedarf wird die passende Technik gleich mitgeliefert. Wir haben mit diesen Behältern bei der Pflege von Schmuckhornfröschen bisher sehr gute Erfahrungen gemacht, denn sie bieten den Vorteil, dass Terrarium und Technik exakt aufeinander abgestimmt sind. Meist weisen diese Becken zwar streng genormte Maße auf, sodass man sie unter Umständen nur schwer in einen vorhandenen Raum integrieren kann; in diese Marktlücke sind aber schon einige Spezialfirmen gestoßen, die Be-

Selbst umgebauter Behälter zur Aufzucht
Foto: W. Schmidt

Terrarien für Schmuckhornfrösche können auch aufwendiger bepflanzt werden
Foto: W. Schmidt

hälter jeder Art und Größe nach Wunsch anfertigen. Einschlägige Adressen, wie beispielsweise der Firma E.N.T. Terrarientechnik in Rees/Niederrhein, mit der wir besonders gute Erfahrungen gemacht haben, findet man in Fachzeitschriften wie REPTILIA und TERRARIA.

Wer handwerklich ausreichend begabt ist, kann sich leicht auch selbst ein maßgeschneidertes und nach individuellen Erfordernissen konzipiertes Becken bauen. Anleitungen findet man an vielen Stellen, etwa in Henkel & Schmidt (2008). Im Folgenden wollen wir für all jene, die zur Pflege weder einfache Aquarien noch umgebaute Plastikwannen nutzen wollen, einige wichtige Details zusammenfassen, die bei der Terrarienplanung von Bedeutung sind.

Am besten geeignete Baumaterialien sind Glas und Silikon, denn Glas hat gegenüber anderen Werkstoffen viele Vorteile: Es ist feuchtigkeitsbeständig, lässt sich problemlos zuschneiden und kann anschließend leicht und sauber verarbeitet werden. Außerdem sind silikonverklebte Glasterrarien wasserdicht und leicht zu reinigen bzw. zu desinfizieren.

Fast in jedem Ort gibt es eine Glaserei, in der man sich die nötigen Scheiben nach Maß zurechtschneiden lassen kann. Um unnötige Schnittverletzungen zu vermeiden, sollten stets auch die Kanten abgeschliffen werden. Als Frontscheibe eignet sich besonders Kristallglas, da es beim Fotografieren weniger Verzerrungen hervorruft. Beim Kauf des Silikons zum Verkleben ist unbedingt darauf zu achten, dass es sich um ein auf Essigbasis gelöstes Produkt handelt; häufig enthalten gerade die preiswerten Fabrikate chemische Lösungsmittel, die noch sehr lange nach der Verarbeitung freigesetzt werden – durch sie kam es vereinzelt bereits zu Vergiftungserscheinungen.

Nachdem das Terrarium fertig verklebt ist, sollte man es sicherheitshalber noch einige

Tage lang auslüften lassen und vor dem Einrichten mehrfach mit Wasser gut ausspülen. Damit ein ausreichender Luftaustausch gewährleistet ist, sollten alle Behälter für Schmuckhornfrösche möglichst mit zwei Lüftungsflächen ausgestattet sein: eine oben im Deckel, die andere unterhalb der Frontscheibe (was auch ein Beschlagen der Letzteren verhindert). Zu diesem Zweck eignen sich Kunststoff- oder Metallgazen.

Außer durch eine ansprechende Gestaltung der Inneneinrichtung kann man Terrarien auch durch Aufkleben von Zierleisten wie Aluminiumprofilen verschönern. Als Zugang zum Becken haben sich gläserne Schiebetüren bewährt, die in E-Profilen laufen, aber auch durchgehende, in H-Profilen geführte Frontscheiben sind möglich (beide Elemente kann man überall in Baumärkten kaufen). Wenn mehrere Terrarien des H-Profil-Typs nebeneinander stehen sollen, müssen sie etwas versetzt angeordnet werden, damit sich die Frontscheiben noch öffnen lassen. Derartige Behälter kann man sich – wie schon erwähnt – aber auch einfach von verschiedenen Herstellern nach seinen Wünschen bauen lassen.

Einrichtung

Das Inventar des Terrariums dient in erster Linie dazu, seinen Bewohnern geeignete Rahmenbedingungen für die spezifischen Lebens- und Verhaltensweisen zu schaffen, und die Einrichtung hilft auch bei einer Simulation des im heimischen Biotop herrschenden Mikroklimas. Einige Halter versuchen daher, die Habitate möglichst genau zu kopieren. Aufgrund der relativen Anspruchslosigkeit dieser Frösche reichen die Möglichkeiten bei der Einrichtungsgestaltung aber von einem solchen, durchaus optisch attraktiv gestalteten Biotopterrarium bis hin zu einem rein zweckmäßigen, steril wirkenden Behälter.

Ceratophrys ornata im Terrarium Foto: W. Schmidt

Dekoratives Terrarium zur Pflege tropischer Schmuckhornfrösche Foto: W. Schmidt

Steht das Becken im Wohnbereich, so soll dem Betrachter in aller Regel ein optisch attraktiver Eindruck vermittelt werden. Man kann Schmuckhornfrösche sehr gut in einem üppig bepflanzten, dekorativ eingerichteten Terrarium pflegen. Da sich die Frösche nur auf dem Boden aufhalten, lässt sich besonders in den höheren, für sie nicht nutzbaren Partien des Behälters eine dekorative Bepflanzung vornehmen. Ob man dabei Pflanzen aus dem natürlichen Verbreitungsgebiet verwendet, bleibt weitgehend dem persönlichen Geschmack überlassen, denn für das Wohlbefinden der Frösche spielt dies keine Rolle.

Im Grunde kann die Einrichtung eines Schmuckhornfroschterrariums wie bei vielen anderen Anuren erfolgen. Mindestens die Rückwand und eine Seitenscheibe sollte man mit Kork oder anderen Materialien blickdicht verkleiden, um den Tieren ein sicheres Rückzugsgebiet zu vermitteln. Sehr gut eignen sich gepresste, natürlich wirkende Korkrindenplatten, die der Terrarien-Fachhandel in unterschiedlicher Optik anbietet und die sich passgenau zuschneiden lassen. Ebenfalls infrage kommt das Bestreichen der Wände mit entsprechend eingefärbten Betonfertigprodukten wie sogenannte Dichtschlämme, die ursprünglich zum Abdichten von Tanks entwickelt wurden – von diesem Material sind auch lebensmittelechte Varianten erhältlich.

Besonderes Augenmerk muss man bei der Haltung von Schmuckhornfröschen vor allem auf das Bodensubstrat richten, da es aufgrund ihrer rein terrestrischen Lebensweise eine maßgebliche Rolle spielt. Verwenden lassen sich alle fäulnisresistenten Substrate, sofern sie nur Wasser aufnehmen und langsam wieder abgeben können, woraus sich ein regulierender

Ceratophrys cranwelli im Terrarium Foto: W. Schmidt

klimatischer Effekt auf das Behälterklima ergibt. Geeignet sind z. B. Blähtonkügelchen (für Pflanzen-Hydrokultur), Sand-Torf-Gemische, Terrarienhumus, Kokossubstrate, ungedüngte Blumen-, Wald- oder Gartenerde und Ähnliches. Von all diesen Substraten darf natürlich keine Gefahr für die Frösche ausgehen; gelegentlich kann es vorkommen, dass Jungtiere Torf- oder Kokosfasern, Holzspäne, Kokosschnipsel, aber auch Kies oder Styroporkügelchen aus der Blumenerde beim Fressen versehentlich mit verschlucken. Meistens geht alles gut, und speziell die aufgenommene Erde wird problemlos wieder ausgeschieden. Im Einzelfall können solche Vorfälle aber auch zu Störungen des Verdauungstraktes (bis hin zum Darmverschluss) führen. Besonders scharfkantige oder stark staubende Substrate verursachen leicht Entzündungen in Körperöffnungen und Augen; Produkte mit bedenklichen Inhaltsstoffen wie Dünger oder Pflanzenschutzmittel dürfen ebenfalls keine Verwendung finden. Wer keinerlei Risiko eingehen will, verwendet ausschließlich Wald- oder Gartenerde als Bodengrund.

Die Bodenschicht wird zwischen 5 und 15 cm hoch ins Terrarium eingefüllt, ganz nach der Größe des zu pflegenden Tieres. Sollen die Frösche im Becken auch ihre Trockenruhe abhalten, so sollte die Höhe mindestens 30 cm betragen. Eine zuvor eingebrachte Drainageschicht aus grobem Kies – besser noch Tonkügelchen aus der Pflanzen-Hydrokultur – hilft, Staunässe zu vermeiden, und schützt auch eventuell vorhandene Bodenabläufe vor dem Verstopfen. Soll der Bodengrund terrassenförmig ansteigen, so kann man unter dem eigentlichen Substrat einige dicke Dachdeckerkorkplatten entsprechend anordnen; auf diese Weise lassen sich einfache Versteckmöglichkeiten ebenso wie ganze Landschaften gestalten.

Auf die Bodenschicht kommen nun stellenweise dickere Lagen Falllaub, auf die freien Partien dagegen größere Moosplatten. Alle

Terrarium für Schmuckhornfrösche Foto: W. Schmidt

hierzu aus der Natur entnommenen Materialien sollten nach gründlichem Abspülen in der Sonne getrocknet werden, um sie von ungebetenen Gästen (größere Asseln, Schnecken etc.) zu befreien. Wer eine möglichst sterile Einrichtung wünscht, kann die Einrichtungsgegenstände – genau wie der Natur entnommene Bodensubstrate – in Backofen oder Mikrowelle sterilisieren, wobei man jedoch auch nützliche Mikroorganismen zerstört. Die übrige Einrichtung des Terrariums ist – außer dem stets nötigen Wassergefäß – vor allem Geschmackssache. Den Fröschen reicht beispielweise schon eine größere Wurzel oder Pflanze, die ausreichend Deckung bietet.

Oftmals nehmen Schmuckhörnfrösche einen festen Stammplatz im Terrarium ein, an dem sie auch ihre Hinterlassenschaften absetzen. Da beim Urinieren hoch konzentriertes Ammoniak anfällt, kann man schnell am Geruch erkennen, wenn der Bodengrund und/oder das Wasser gesäubert werden muss. Dann ist das Substrat an der betroffenen Stelle sofort auszutauschen. Das regelmäßige Entfernen der Ausscheidungen verlängert auch den Zeitraum bis zu einem vollständigen Wechsel des Bodensubstrats. Überdies kann man durch einen Besatz des Terrariums mit kleinen, kotfressenden Schnecken, Asseln und ähnlichen Wirbellosen für eine bessere Bodenqualität sorgen.

Will man auf natürliches Bodensubstrat verzichten, lassen sich die Frösche durchaus auch auf speziellen Schaumstoffmatten für die Terraristik (deren Oberseite jedoch keine scharfen Schnittstellen aufweisen darf) halten. Dieser spartanischen Art der Unterbringung begegnet man sehr häufig in Quarantänebecken oder bei der Aufzucht von Jungtieren, denn hier ist das regelmäßige Säubern des Bodengrunds von größter Wichtigkeit. Andererseits kann man sich gut vorstellen, dass die Frösche bei dieser Haltungsweise kaum ihr natürliches Verhalten zeigen. Da es sich um Lauerjäger

Im natürlichen Lebensraum von *Ceratophrys cornuta* liegt reichlich Falllaub. Ein naturnah eingerichtetes Terrarium sollte darum ebenfalls Blätter enthalten.
Foto: W. Hödl

handelt, die durch Anpassung an den natürlichen Lebensraum sozusagen unsichtbar werden wollen, könnte das erwähnte Verfahren langfristig sogar zu Verhaltensstörungen führen. Wer ausgewachsene Frösche pflegen will, sollte einer „natürlichen" Terrarieneinrichtung also den Vorzug geben, obwohl Schaumstoffmatten bei der Aufzucht zahlreicher Jungfrösche zweckmäßig sein können.

Nie fehlen darf wie erwähnt ein kleiner Wasserteil, in dem die Tiere jederzeit baden können. Da Schmuckhornfrösche ihren Kot gerne im Wasser absetzen, muss das Wassergefäß unbedingt leicht zu reinigen sein. Nichts ist aufwendiger, als verschmutztes Wasser mit dem Schlauch aus einem Becken abzusaugen, und deshalb sollte sich entweder die Wasserschale leicht entnehmen lassen, um sie anschließend unter fließendem Wasser reinigen zu können, oder es ist – im Falle eines fest installierten Wasserteils – unbedingt ein Aus- bzw. Abfluss erforderlich, durch den man das Schmutzwasser einfach ableiten kann.

Als Wasserteil bieten sich zahlreiche Möglichkeiten an, so stehen in Zoofachhandlungen, Pflanzen- oder Baumärkten einfache Wasserschalen speziell für die Terraristik zur Verfügung. Sie sind farblich hervorragend auf das Terrarium abgestimmt, weisen einen schräg ansteigenden Rand auf und sind leicht zu reinigen. Und es gibt von ihnen die unterschiedlichsten Typen in allen denkbaren Größen. Natürlich kann man solche Wasserbecken auch selbst herstellen: Ton ist ein ausgezeichnetes Material für den Selbstbau.

Als Alternative kann man als Wasserteil auch einfach eine Ecke (oder eine Zone entlang der Frontseite) durch einen mit Silikon eingeklebten Glasstreifen vom Landteil abgrenzen. Dieser nach Möglichkeit leicht nach außen ansteigende Streifen kann mit dünnem Kork beklebt oder mit eingefärbten Dichtschlämmen bestrichen werden, damit die Tiere das nasse Element jederzeit leicht verlassen können. Der Wasserstand sollte gerade so hoch bemessen sein, dass die Frösche etwa zur Hälfte benetzt sind.

Die Terrarienbepflanzung dient vor allem dem optischen Eindruck des Beckens, sie kann aber auch wichtige Funktionen wahrnehmen. So lässt sich der Terrarieninnenraum durch eine geschickte Anordnung der Pflanzen in mehrere Zonen aufteilen, und gleichzeitig dient die Bepflanzung als natürliche Deckung

Dekoratives Terrarium zur Pflege von Schmuckhornfröschen. Oben zu erkennen sind die Düsen der Beneblungsanlage. Foto: W. Schmidt

und Sichtschutz sowie als Klimapuffer. Da Schmuckhornfrösche gern graben, sollte man die Pflanzen unbedingt in soliden, möglichst zusätzlich beschwerten Blumentöpfen bzw. Pflanzenschalen ins Terrarium stellen, um ein Ausgraben oder Umkippen zu erschweren. Besser noch hängt man sie hoch oben in Bereichen auf, die für die Tiere unerreichbar sind.

Terrarientechnik

Der Betrieb eines Terrariums ohne moderne technische Hilfsmittel erscheint heute nahezu undenkbar. Das beginnt schon mit dem täglichen Ein- und Ausschalten der Beleuchtung und endet mit der regelmäßigen Beregnung.

Eines unserer wichtigsten Hilfsmittel in diesem Zusammenhang stellt daher die Zeitschaltuhr dar, mit deren Hilfe sich nahezu alle Tag für Tag regelmäßig anfallenden Arbeiten automatisieren lassen. Die Zeitschaltuhr schaltet etwa Beleuchtungskörper, zur Belüftung eingesetzte Ventilatoren sowie Heizaggregate zuverlässig ein und aus, steuert aber auch die Tätigkeit von täglich nur für wenige Sekunden aktivierten Beregnungsanlagen präzise und verlässlich. Ohne Zeitschaltgeräte wäre der Betrieb großer Terrarienanlagen mit vielen technischen Geräten zumindest von Einzelpersonen kaum noch zu bewältigen. Nicht gering zu veranschlagen ist auch der Umstand, dass man dank dieser Uhren getrost für einige Tage Urlaub machen kann, ohne Bekannte und Freunde für das tägliche Ein- und Ausschalten einspannen zu müssen. Die so erzielte Gleichmäßigkeit aller technischen Abläufe hat überdies einen Gewöhnungsprozess zur Folge, der dem Wohlbefinden unserer Schmuckhornfrösche überaus zuträglich ist. Und der Pfleger gewinnt zusätzliche Zeit zum Beobachten der Tiere, da er die eigenen Aktivitäten im Grunde auf das Füttern und Reinigen beschränken kann.

Schmuckhornfrösche sind wechselwarme Tiere, deren Körpertemperatur von der Umgebungswärme abhängig ist. Sie benötigen daher einen ganz bestimmten Temperaturbereich, in dem ihre wichtigsten Körperfunktionen ungestört ablaufen können und in dem sie ihr natürliches Verhaltensrepertoire zeigen. Da diese Lurche recht standorttreu sind, suchen sie sich in der Natur einen festen Platz, der diese Voraussetzungen erfüllt. Im Terrarium dagegen müssen wir als Pfleger dafür sorgen, dass stets optimale Bedingungen herrschen. Als besonders günstig haben sich für die meisten Arten leicht erhöhte Zimmer- bzw. Terrarieninnentemperaturen von tagsüber 23–28 °C (mit leichter Nachabsenkung) erwiesen. Kurzzeitige geringfügige Temperaturüberschreitungen auf bis zu 32 °C haben unsere Tiere stets ohne Probleme überstanden. Zu geringe Temperaturen sind meist problematischer. Von allen Schmuckhornfröschen scheint *Ceratophrys cornuta* am empfindlichsten auf Kälte zu reagieren: Schon ein Tag bei 10–12 °C kann bei dieser Art zum Tode führen.

Außerdem sind zum Wohlbefinden der Frösche natürliche Tag-Nacht-Temperaturschwankungen und ein gewisser Jahreszeiten-Rhythmus erforderlich, der sich mithilfe von Zeitschaltuhren recht einfach simulieren lässt.

Da die wenigsten Lurche Strahlungswärme schätzen, muss man sich auch bei Schmuckhornfröschen anders behelfen, wenn die Beckentemperaturen nicht hoch genug sein sollten. Das Terrarium kann z. B. mithilfe von schwachen Heizmatten, Heizkabeln oder anderen speziell für diesen Zweck entwickelten Geräten, die nur eine milde, aber völlig ausreichende Wärme abgeben, erwärmt werden. Falls man die Heizgeräte direkt an den Außenwänden oder unter dem Boden installiert, muss sichergestellt sein, dass das erwärmte Glas für kaltes Sprühwasser unerreichbar bleibt, da es ansonsten unter Umständen platzen könnte. Derartige Wärmequellen haben einerseits den Vorteil, dass sie die relative Luftfeuchtigkeit durch höhere Verdunstungsraten steigern, wirken andererseits aber insofern negativ, als sie das Bodensubstrat schnell austrocknen lassen. Ein regelmäßiges Nachfeuchten des Bodens ist also unbedingt erforderlich. Allerdings ist eine von unten kommende Wärme unnatürlich, daher sollte sie besser seitlich zugeführt werden.

Immer wieder stellt sich die Frage, ob eine Beleuchtung unbedingt nötig ist, da es sich doch bei Schmuckhornfröschen um überwiegend nachtaktive Tiere handelt. Die Antwort hängt grundsätzlich vom Standort des Terra-

Ceratophrys cranwelli im Rack-Terrarium auf Blähtonkugeln Foto: W. Schmidt

riums und von seiner Bepflanzung ab, denn die Tiere selbst brauchen in der Tat keine spezielle Beleuchtung. Licht dient ihnen in erster Linie zur Steuerung den Aktivitätsphasen, es ermöglicht den Fröschen beispielsweise, Tag und Nacht zu unterscheiden. Steht der Behälter in einem hellen Zimmer, Wintergarten oder Gewächshaus, so kann man auf eine zusätzliche Beleuchtung also fast ganz verzichten; nur im Winter und während der Übergangsmonate ist sie eventuell erforderlich. In dunklen Räumen oder Kellern dagegen ist eine Beleuchtung für den Biorhythmus der Frösche unverzichtbar. Die Beleuchtungsdauer sollte prinzipiell im Jahreszeitenrhythmus schwanken und kann den Sommer über täglich etwa 14 Stunden, im Winter je nach Art 10–12 Stunden betragen.

Der Fachhandel hält eine große Anzahl geeigneter Leuchten bereit. Hier sollte man auf die neue Generation von Leuchtstofflampen zurückgreifen, die sogenannten T5-Leuchtstoffröhren, deren Durchmesser nur noch 16 mm beträgt. Ihre Vorteile liegen in der hohen Lichtausbeute bei geringerem Stromverbrauch und kleinerem Durchmesser, der es erlaubt, kompakte Leuchten mit hohem Reflektorwirkungsgrad zu konstruieren. Sie sind überdies ein wenig kürzer als herkömmliche Lampen und passen daher oft besser über kleinere Terrarien. Noch sparsamer sind die sich immer mehr durchsetzenden Leuchtdioden (LED), die gegenüber einer gewöhnlichen Glühlampe etwa 90 % weniger Stromverbrauch aufweisen. Auch mit ihnen lässt sich das Terrarium hervorragend ausleuchten. Aber wie schon gesagt: Den Schmuckhornfröschen ist das Licht eigentlich völlig egal, nur die Pflanzen werden es Ihnen danken.

Für Normalterrarien nur eine Arbeitserleichterung, für Zuchtbehälter hingegen unerlässlich ist eine vollautomatische Sprüh- oder Beregnungsanlage. Mit ihrer Hilfe können die Becken regelmäßig und ganz nach individuellem Bedarf beregnet werden. Außerdem lassen sich hiermit leichter Trocken- und Regenzeiten imitieren, die Voraussetzung für eine erfolgreiche Nachzucht sind. Besonders gut eignet sich z. B. die Regenanlage der Firma E.N.T. Terrarientechnik, die mit einer speziellen Hochdruckpumpe (keine Tauchpumpe!) ausgestattet ist und für eine maximale Durchflussrate von einem Liter pro Minute sorgt. Aufgrund ihrer niedrigen Ansaughöhe muss man diese Pumpe allerdings unter dem Wasserspiegel eines speziellen Vorratsbehälters (mit Volumen von 10 bzw. 20 Litern) anbringen. Über Hochdruckschläuche, für die ein spezielles Stecksystem aus Verbindungen und Verteilern zur Verfügung steht, wird das Wasser nun zu den Düsen geleitet. Mit einer einzigen Pumpe lassen sich so problemlos 10–12 dieser Düsen betreiben. Gesteuert wird das Ganze allein durch eine Zeitschaltuhr. Der Durchfluss einer Düse beträgt 0,05 Liter pro Minute; diese geringe Menge erlaubt es, das Terrarium mehrmals täglich zu besprühen, ohne dass die Gefahr einer „Überflutung" droht. Der Sprühwinkel von 80 ° sorgt dafür, dass eine relativ große Fläche benetzt wird, für Behälter mit einer Grundfläche von 80 x 50 cm beispielsweise reichen zwei Düsen völlig aus. Zum sicheren Einbau dieser Düsen muss man die Terrarienabdeckung mit einer 10-mm-Bohrung versehen, was bereits bei der Anschaffung zu berücksichtigen ist.

Bei jeder dieser Sprühanlagen darf man allerdings nicht vergessen, dass alle angeschlossenen Terrarien wegen Überflutungsgefahr mit einem nicht zu kleinen Abfluss ausgestattet sein müssen. Dafür lässt man in die Böden jeweils eine passende Bohrung von 10–27 mm Durchmesser anbringen, in die man entweder eine Schraubmuffe oder einen einseitig verschraubbaren Abfluss aus Plastik (zum Beispiel die im Caravanzubehörhandel erhältlichen Modelle für Wohnwagenwaschbecken) einklebt. Daran schließt man ein dichtes Schlauchsystem an, welches das Wasser direkt ins nächste Abflussrohr leitet. Natürlich muss der Abfluss im Terrarium durch Filterwatte oder Ähnliches Material gut gegen das Eindringen von Einrichtungsgegenständen oder Futtertieren gesichert sein.

Voraussetzungen für die erfolgreiche Nachzucht

In diesem Abschnitt wollen wir grundlegende Aspekte der Fortpflanzung von Schmuckhornfröschen im Terrarium darstellen. Voraussetzung für eine Nachzucht ist natürlich immer, dass man über ausgewachsene und geschlechtsreife Tiere beider Geschlechter verfügt. Doch wann erreichen diese Frösche ihre Geschlechtsreife? Da die gesamte Entwicklung stark von Umweltfaktoren wie Nahrung, Temperatur, Photoperiode etc. abhängt, lässt sich dies nur ungefähr sagen. Grundsätzlich tritt sie, von *Ceratophrys cornuta* abgesehen, im Alter von etwa 1–2 Jahren ein. Die kürzeste Entwicklungszeit scheint – ideale Haltungsbedingungen vorausgesetzt – *C. joazeirensis* aufzuweisen. Bei dieser Art rufen die Männchen bereits im Alter von sechs Monaten, und die frühesten Zuchterfolge wurden mit nur sieben Monate alten Tieren erzielt. Wesentlich länger dauert es bei *C. cornuta*: Diese Art wird erst nach drei Jahren geschlechtsreif.

Bei den Schmuckhornfröschen ist die Reproduktionsperiode an Jahreszeiten gekoppelt. Diese periodische Fortpflanzungsweise stellt an die Terrarienhaltung nicht nur grundsätzliche Anforderungen wie das Simulieren der natürlichen Jahrestemperaturschwankungen, die Variation der Beleuchtungsdauer und der Sprühzeiten, sondern es muss auch eine sexuelle Synchronisation der Geschlechter erreicht werden. Werden alle Tiere unter gleichen Bedingungen gehalten, stellt das in der Regel kein Problem dar, weil alle Frösche zur gleichen Zeit in ihren Fortpflanzungzyklus gelangen – oder manchmal auch nicht, denn schafft man sich zum Beispiel ein weiteres Tier neu an, so kann sich dieses – bedingt durch eine abweichende frühere Haltungsweise – unter Umständen in einer ganz anderen Stimmung befinden.

Rufendes Männchen von *Ceratophrys cornuta* W. Hödl

Männchen (links) und Weibchen von *Ceratophrys joazeirensis* Foto: W. Schmidt

Geschlechtsunterschiede

Erste Voraussetzung für jede erfolgreiche Nachzucht von Schmuckhornfröschen ist natürlich, dass man ein Pärchen besitzt. Dies wiederum setzt voraus dass die Geschlechter zweifelsfrei zu bestimmen sind, was bei ausgewachsenen Tieren mit etwas Erfahrung leicht möglich ist, bei jungen Schmuckhornfröschen aber enorme Probleme bereitet.

Ein wichtiges Unterscheidungsmerkmal ausgewachsener Tiere ist ihre Größe. Bei allen Schmuckhornfroscharten erreichen die Weibchen in puncto Gesamtlänge und Gewicht deutlich höhere Werte; ebenso besitzen sie einen wesentlich breiteren Schädel. Ein weiterer Unterschied sind die sogenannten Brunftschwielen der Männchen, die vor allem an den „Daumen“ – also an den ersten (inneren) Fingern – sitzen. Hierbei handelt es sich um raue, oft dunkel gefärbte Hornschwielen bzw. um stark verhornte Hauthöcker. Leider sind diese Brunftschwielen in aller Regel erst mit Erreichen der Geschlechtsreife ausgebildet, und sie werden während der Paarungszeit am deutlichsten sichtbar; meist lassen sie sich aber auch außerhalb der Paarungszeit an leicht verdickten Hautzonen an den Daumen erkennen und zur Geschlechtsbestimmung nutzen. Brunftschwielen dienen dazu, den Männchen im Amplexus (Paarungsumklammerung) einen besseren Halt auf der glitschigen Hautoberfläche der Weibchen zu verschaffen. Während der Eiablage klammern sich Männchen mit den Vorderbeinen in der Achselgegend (sogenannter Axillaramplexus) ihrer Partnerinnen fest.

Als letztes sicheres Unterscheidungsmerkmal – das nur an geschlechtsreifen Tieren deutlich ausgeprägt ist – ist die dunkle oder zumindest etwas dunklere Färbung der Kehlhaut bei Männchen zu nennen. Dies lässt sich aber oft nur im direkten Vergleich beurteilen, da auch Weibchen leicht verfärbte Kehlen aufweisen können. Zudem besitzen Männchen eine Schallblase, die bei älteren Tieren von außen als Kehlfalte erkennbar ist. Da all diese Merkmale mehr oder minder stark variieren, sollte man stets versuchen, sie alle in die Prüfung des Geschlechts mit einzubeziehen.

Wie aber verhält es sich bei Jungtieren? Hier können wir prinzipiell eigentlich nur

Dieses Männchen von *Ceratophrys cornuta* ist leicht an seiner dunklen Kehle zu erkennen Foto: W. Schmidt

Hand mit Brunftschwielen von *Ceratophrys joazeirensis* Foto: F. W. Henkel

empfehlen, vorsorglich ein paar Tiere mehr zu erwerben und aufzuziehen, um das Geschlecht dann später anhand der oben beschriebenen Unterschiede zu bestimmen. Wenn man diese Möglichkeit nicht hat, muss man sich auf sein Gefühl verlassen; eventuell lässt sich auch die Ausbildung der vorderen Schädelregion zu Rate ziehen: Bei Weibchen soll die Schnauze im direkten Vergleich meist ein wenig steiler abfallen.

Stimulation und Eiablage

Nach allem, was sich aus unseren Erfahrungen, der Literatur und den Klimadaten aus den natürlichen Verbreitungsgebieten der Schmuckhornfrösche ableiten lässt, scheinen starke Niederschläge zu Beginn der Regenzeit – nach einer artabhängig kühleren und trockeneren Haltungsperiode – der Auslöser für das Fortpflanzungsverhalten zu sein. Daher muss die Nachzucht im Terrarium generalstabsmäßig geplant werden. Dies beginnt mit der Ernährung unserer Frösche – sobald der Entschluss gefasst ist, einen Zuchtversuch zu starten, sollten die Tiere besonders hochwertig, also reichlich und auch abwechslungsreich gefüttert werden, – und endet bei den klimatischen Verhältnissen im Terrarium; in Vorbereitung auf die geplante Nachzucht werden die Temperaturen zunächst langsam – über mehrere Wochen verteilt – leicht heruntergefahren, und man reduziert die Feuchtigkeitszufuhr stark, um eine Trockenzeit zu simulieren, danach wird die Regenzeit eingeleitet.

Ceratophrys cranwelli im Trockenkokon Foto: H. Nigl

Bei den drei Arten, von denen uns bislang Nachzuchterfahrungen vorliegen, also *Ceratophrys cranwelli*, *C. joazeirensis* und *C. ornata*, werden die Tiere einen Großteil des Jahres unter „normalen" Bedingungen gepflegt: Während dieser Zeit sollten die Temperaturen tagsüber 26–28 °C betragen und die relative Luftfeuchtigkeit bei etwa 80 % liegen; hierzu wird das gesamte Terrarieninnere täglich kräftig überbraust. Dann werden die Temperaturwerte langsam abgesenkt – bei *C. joazeirensis* nur ein wenig (um 5–8 °C), bei den anderen beiden Arten dagegen deutlich, d. h. auf tagsüber nur noch 12–18 °C. Gleichzeitig schränkt man das tägliche Überbrausen des Behälterinneren stark ein, um es am Ende ganz zu unterlassen. Die relative Luftfeuchtigkeit sollte nun auf Werte um 50 % sinken. Das Terrarium muss eine ausreichend hohe Bodenschicht enthalten, damit sich die Tiere leicht vergraben können: Etwa 30 cm genügen, wobei das Substrat aus einem schwach feuchten Torf-Sand-Lehm-Gemisch bestehen kann, das nie ganz austrocknen sollte.

Nachdem das tägliche Sprühen eingestellt wurde, entfernt man nun auch die Wasserschale aus dem Terrarium; es darf kein offenes Wasser mehr vorhanden sein. Einige Tage spä-

Weibchen von *Ceratophrys cranwelli* im Beregnungsterrarium Foto: H. Nigl

ter sind die Tiere vollständig im Erdreich verborgen; dort bilden sie zum Schutz vor Austrocknung eine Art Kokon aus abgestorbenen Hautzellen und Schleim. Die alte Hülle wird normalerweise nach jeder Häutung gefressen, nun aber kommt es kurzfristig zu mehreren Hautwechseln direkt hintereinander, und die abgestorbenen und abgelösten, aber nicht abgestreiften oder aufgefressenen Hautschichten werden durch körpereigene Sekrete miteinander zu einem Kokon verklebt. Die physiologischen Abläufe dieses Vorgangs sind bis heute nicht ganz erforscht.

In diesem Kokon, der Feuchtigkeit bindet und die Atmung unterstützt, können die Frösche auch eine längere Dürreperiode problemlos überstehen; die Tiere sind dabei so robust, dass sie sogar gelegentliche Kontrollen (vorsichtiges teilweises Freilegen von oben und anschließendes Verschließen der Grube) ohne jeden Schaden überstehen.

In diesem Ruhezustand verharren die Lurche nun bis zu zwei Monate lang. Zur Beendigung der Trockenruhe erhöht man zunächst langsam die Temperaturen, und das regelmäßige kräftige Übersprühen wird wieder aufgenommen. Auch eine Wasserschale kommt nun ins Terrarium. Vermutlich dann, wenn die Feuchtigkeit den Kokon erreicht, „wachen" die Tiere auf und verlassen ihr Versteck. Kommen Schmuckhornfrösche nicht von selbst an die Oberfläche, so kann man sie nach einigen Tagen auch einfach ausgraben und für kurze Zeit in eine flache Schale mit etwa 1 cm Wasserstand setzen. Der trockene Kokon löst sich dann recht schnell auf, wird von den Fröschen abgestreift und gelegentlich gefressen. Danach werden die Tiere wieder ganz normal gefüttert.

In Paarungsstimmung klammern Schmuckhornfrösche wie hier *C. cranwelli* auch Geschlechtsgenossen
Foto: H. Nigl

Am Rande möchten wir noch anmerken, dass die Jahreszeiten im Vergleich zwischen Südamerika und Mitteleuropa sozusagen vertauscht sind: Wenn also in den heimatlichen Verbreitungsgebieten Sommer herrscht, ist bei uns Winter. Den Fröschen selbst ist es aber gleich,, wann sie in den Trockenschlaf geschickt werden. Da die meisten im Handel erhältlichen Tiere ohnedies Nachzuchten sind, kann man die Trockenruhe unbedenklich in unsere Wintermonate verlegen.

Zur Nachzucht werden die Frösche in ein spezielles Beregnungsterrarium gesetzt. Zuvor steigert man etwa 3–5 Tage nach dem Ende der Ruhe- bzw. Kühl- und Trockenphase langsam Temperaturen und Feuchtigkeit, worauf die Männchen meist bald nachts zu rufen beginnen. Dies ist der Zeitpunkt, zu dem spätestens die Tiere ins Beregnungsterrarium gesetzt werden sollten. Als günstig hat es sich erwiesen, mehrere Paare gemeinsam anzusetzen, da sich die Tiere dann gegenseitig stimulieren. Bei diesem Nachzuchtbehälter handelt es sich in der Regel um ein einfaches Aquarium; eine entsprechend umgerüstete Plastikwanne erfüllt aber denselben Zweck. Der Wasserstand sollte je nach Art etwa 3–10 cm betragen, wobei eine leicht schräge Bodenscheibe für ein schwaches Bodengefälle sorgt. Als günstigste Wassertemperatur haben sich konstant 28 °C erwiesen; eine weitere Einrichtung in diesem Becken ist nicht nötig. Um die Regenzeit zu simulieren, wird der Behälter nun täglich am Nachmittag für etwa fünf Stunden beregnet, wodurch auch die relative Luftfeuchtigkeit gleichbleibend auf nahezu 100 % ansteigt. Zu diesem Zweck befördert ein schwächerer Innenfilter – die benötigte Leistung muss man durch Ausprobieren ermitteln – das Wasser aus dem Wasserteil durch ein Schlauchsystem bis an die Decke des Beckens, von wo es über perforierte Rohre (im Aquarienhandel erhältlich) wieder „abregnet“. Das Ansaugrohr sollte durch Filterwatte geschützt werden, damit keine kleineren Gegenstände oder Kaulquappen eingesaugt werden.

Bereits kurz nach dem Ende der ersten Beregnungsphase fangen die Männchen meist an, durch lautes Rufen intensiv um die Weibchen zu werben. In der Regel dauert es dann noch 2–3 Tage, bevor es nachts zur Eiablage kommt: Hierbei sitzen die Männchen auf dem Rücken ihrer Partnerinnen und umklammern sie im axillaren Paarungsamplexus, um die austretenden Eier sofort befruchten zu können.

Bisher wurden noch nicht alle *Ceratophrys*-Arten unter Terrarienbedingungen nachgezüchtet, und entsprechende Versuche stellen immer eine große Herausforderung dar. Beispielsweise ist es zwar schon gelungen, frisch importierte *C. cornuta* zur Nachzucht zu bringen, die Fortpflanzung der Nachzuchten wiederum einzuleiten, aber bis heute nicht.

Auch in der Natur wurden bislang nur wenige Beobachtungen zur Eiablage gemacht. Der brasilianische Herpetologe MIRANDA-RIBEIRO (1923) schilderte als einer der Ersten seine Beobachtungen an *C. aurita*: Paarungen und Eiablagen begannen jeweils nach ersten schweren Regenfällen im Oktober, und der Autor vermutete, dass es im Dezember meist zu einer zweiten Eiablage kommt. Die Männchen saßen am Rand der temporären Gewässer und riefen spät abends und nachts nach den Weibchen. Ihre Rufe klangen düster und melancholisch, mit tiefer Frequenz, und ähnelten etwas dem verkürzten Zirpen einer Zikade.

Abschließend wollen wir hier einen Bericht von Herbert NIGL (schriftliche Mittlg.) über die erstmalige natürliche Nachzucht von *C. cranwelli* außerhalb der USA zusammenfassen, der in der Zeitschrift „Aquaristik Fachmagazin“ publiziert wurde (NIGL et al. 2005). Dieser Bericht demonstriert schlüssig, wie es auch unter natürlichen Bedingungen, also ohne Hormoneinsatz, zum Erfolg kommen kann.

Ausgangspunkt für diesen Zuchterfolg war der Import von etwa 100 Nachzuchten aus den USA, die Herbert NIGL innerhalb von zwei Jahren aufzog. Anfangs hielt er die Jungtiere auf leicht feuchtem Erdsubstrat, wo es aber –

Frisch gelegte Eier
Foto: H. Nigl

wahrscheinlich aus hygienischen Gründen – zu einigen Verlusten kam. Aus diesem Grund ging er später dazu über, die Tiere in Terrarien mit ca. 1–2 cm hohem Wasserstand zu pflegen. Alle zwei Tage erfolgte ein Wasserwechsel, und von diesem Moment an war kein einziger Verlust mehr zu beklagen. Gefüttert wurden die Frösche ausschließlich mit Fischen, die sie ohne Probleme fraßen.

Als die Tiere eine Größe von etwa 10 cm erreicht hatten, begann der Zuchtversuch. Hierzu wurden zunächst alle Frösche einzeln in separaten Terrarien in die Trockenruhe geschickt; der Bodengrund bestand aus einer etwa 3 cm hohen, stets leicht feuchten Schicht aus Torf und *Sphagnum*. Die Becken wurden nicht mehr überbraust, und die Tiere erhielten kein Futter. Die Temperaturen lagen die ganze Trockenzeit hindurch bei 26–28 °C, während die relative Luftfeuchtigkeit von anfänglich 80 % auf ca. 50–60 % gegen Ende der Trockenphase sank. Unter diesen Bedingungen gruben sich die Schmuckhornfrösche bald ein und bildeten ihren typischen Trockenkokon.

Nach zwei Monaten wurden die Tiere aus der Trockenruhe geholt und in eine Schale mit Wasser gesetzt, woraufhin der Kokon aufweichte und abgestreift wurde. Dann kamen die Frösche zu mehreren in das Zuchtbecken, dessen Wasserstand ca. 6 cm betrug. Es war mit Plastikpflanzen und einer Sitzgelegenheit oberhalb des Wassers ausgestattet, damit sich die Frösche wahlweise im feuchten Element oder auf dem Trockenen aufhalten konnten. Die Weibchen bevorzugten zunächst noch den trockenen Platz, während die Männchen schon gegen Abend das Wasser aufsuchten und zu quaken begannen.

Am zweiten Abend gab es den ersten Umklammerungsversuch – der auch erfolgreich verlief, wie ca. 400 Eier am nächsten Morgen belegten. Später laichten auch die anderen Weibchen, der Laich wurde dabei wahllos im Becken verteilt. Einige wenige Eier erwiesen sich als unbefruchtet, doch die meisten entwickelten sich sehr schnell. Bei den befruchteten Eiern konnte man gut die Entwicklung verfolgen: Bereits nach wenigen Stunden drehte sich der Embryo in seiner Hülle, nach ca. 24 Stunden waren die ersten Larven geschlüpft und hingen wie kleine Kommas an der Scheibe. Nach weiteren zwölf Stunden ähnelten sie bereits Kaulquappen, und am nächsten Morgen konnte Nigl feststellen, dass sie anfingen, einander gegenseitig durch das Aquarium zu „schieben" – woraus er schloss, dass sie nun wohl Hunger hätten. Gefüttert wurde mit aufgetauten ausgewachsenen Salinenkrebsen, die auch sofort angenommen wurden. Dank einer leistungsstarken Filteranlage konnte Nigl die Kaulquappen mehrmals täglich füttern, ohne dass das Wasser kippte, und die gut genährten Tiere verloren auf diese Weise ihr potenzielles Interesse an den Artgenossen.

Das Wachstum war rasant: Nach drei Tagen maßen die Kaulquappen bereits rund 10 mm und nach neun Tagen 35 mm. Etwa ab dem 15. Tag konnte man bei den ersten Kaulquappen die Hinterbeine erkennen, und schon nach 18 Tagen brachen die Vorderbeine durch. Daraufhin wurden die jungen Frösche einzeln in kleine Behälter mit ca. 1 cm Wasserstand gesetzt. Es dauerte nur noch etwa eine Woche, bis der Schwanz komplett resorbiert war. Danach begannen die Jungtiere bereits, knapp 3 cm lange Fische zu fressen. Insgesamt konnte Nigl auf diese Weise rund 800 Tiere aufziehen, wobei ca. 10 % am Anfang überwiegend grün waren und der Rest eine braune Färbung zeigte. Im Laufe der nächsten Wochen zeigten allerdings immer mehr braune Tiere auch einen zunehmend höheren Grünanteil.

Hormonbehandlung

Bei der Nachzucht von Schmuckhornfröschen ist es gewissermaßen schon lange Tradition, die Tiere mittels Hormoninjektionen zur Eiablage bzw. zum Ausstoßen der Spermien zu bewegen. Einer der Pioniere im Züchten dieser Frösche ist Ron Tremper (USA), der 1981 im Zoo von Fresno (Kalifornien) erstmals *Ceratophrys ornata* vermehrte – damals noch auf natürliche Weise mithilfe einer Beregnungsanlage. Im selben Jahr gelang Ernie Wanger (USA) jedoch auch schon die erste erfolgreiche Nachzucht von *Ceratophrys* durch Hormoninjektionen. Dies war damals noch ein sehr aufwendiges Verfahren, wie Ron Tremper (pers. Mittlg.) uns berichtete: Die Tiere wurden zur Vorbereitung eine gewisse Zeit bei ca. 28 °C gepflegt und gut genährt. Zur Nachzucht wurden nur Weibchen mit einem Gewicht von mindestens 350 g eingesetzt. Diesen injizierte man etwa 16 Stunden vor der geplanten Eiablage Hormone und setzte sie in flaches temperiertes Wasser, in dem die Tiere dann tatsächlich ihre Eier ablegten, also ohne weiteren Stimulus durch einen Partner. Die Männchen wurden erst eine Stunde, bevor man ihre Spermien benötigte, ebenfalls auf diese Weise hormonbehandelt, worauf sie sogleich den Samen mit ihrem Urin ausschieden. Anschließend wurden – genau wie in der kommerziellen Fischzucht – Eier und Samen gemischt und der Laich so künstlich zur Entwicklung gebracht.

Angesichts weltweit schrumpfender Amphibienbestände kommt der Nachzucht im Terrarium heute eine immer größere Bedeutung zu, nicht nur für die Terraristik, sondern auch für die Arterhaltung. Aus diesem Grund entwickelten einige Wissenschaftler bereits eine schonendere Methode, Amphibien mittels Hormonen zur Nachzucht zu bringen. Trudeau et al. (2010), die dieses Verfahren erfolgreich am Beispiel von *C. cranwelli* vorstellten, nannten ihr Rezept „Amphiplex" – eine Neubildung aus den beiden Wörtern „Amphibien" und

Frisch geschlüpfte Kaulquappe Foto: H. Nigl

„Amplexus". Der Name bezieht sich auf das spezifische Fortpflanzungsverhalten der Frösche, bei dem die Männchen ihre Partnerinnen im Amplexus umklammern und auf diese Weise zum Ablaichen stimulieren. Das Besondere bei der Amphiplex-Methode ist, dass die Hormone eine natürliche Fortpflanzung über den Amplexus auslösen: Die Schmuckhornfroschmännchen fangen sofort nach der Injektion zu rufen an, worauf es bereits wenige Stunden später zum Amplexus und dann zur Eiablage kommt – und zwar unabhängig von einer vorausgegangenen Trockenruhe.

Die Versuchstiere dieser neuen Methode, die im Dezember 2006 als Kaulquappen in der argentinischen Provinz Formosa gefangen wurden, zogen TRUDEAU et al. (2010) im Labor zu adulten *C. cranwelli* heran. Am 26. August des Folgejahres impften die Wissenschaftler ein großes Weibchen (202 g Gesamtgewicht) und ein großes Männchen (117 g) mit Amphiplex: Sie injizierten den Tieren eine Kombination aus zwei Hormonen, einem sogenannten GnRH(„Gonadotropin Releasing Hormon")-Agonisten (Arg-Gly-Asp: 0,4 mg/g Körpergewicht) und einem Dopamin-Antagonisten (Metoclopramid: 10 mg/g Körpergewicht). Auf diese Weise lösten sie den Eisprung (Ovulation) und den Amplexus aus, wodurch auch die Befruchtung der Eier durch das Männchen sichergestellt war. Bereits 15 Minuten nach der Injektion begann das Männchen zu rufen, und etwa vier Stunden später befand sich das Paar in der Umklammerung. Am folgenden Morgen fanden die Wissenschaftler etwa 900 Eier vor, aus denen 870 Kaulquappen schlüpften. In 25 °C warmem Wasser schwammen die Larven am vierten Tag nach der Befruchtung frei im Aufzuchtbehälter, nahmen Nahrung zu sich und erreichten ab dem 41. Tag die Metamorphose.

Aufzucht der Kaulquappen

Wie aus dem bereits Geschilderten hervorgeht, erfolgt die Aufzucht der Kaulquappen in größeren Aquarien, Kunststoffbehältern oder anderen lebensmitteltauglichen Gefäßen. In der Natur wachsen die Larven in flachen temporären Gewässern heran; ideal ist daher ein geringer Wasserstand von 10–15 cm. Das Aquarium sollte an einem hellen Platz stehen oder über eine künstliche Beleuchtung verfügen. Auf Einrichtung und Bodengrund kann weitestgehend verzichtet werden – so lässt sich das Becken leichter sauber halten, und Futtertiere können sich nicht verstecken. Wem das Ganze zu steril ist, der kann auch einige größere Steine, Wurzelstücke und Pflanzen einsetzen. Später muss dann ohnehin immer ein Stück Korkrinde auf der Wasseroberfläche treiben oder ersatzweise ein Stein schräg aus dem Wasser emporragen, damit frisch umgewandelte Jungtiere jederzeit sicher den Landteil erklimmen können.

Gefüttert werden die überaus gefräßigen Kaulquappen am besten mehrmals täglich, und zwar immer nur so reichlich, dass alles in kürzester Zeit vertilgt ist. Geeignet sind verschiede Arten von Lebendfutter wie Enchyträen, *Tubifex* oder Mückenlarven. Als vielleicht wichtigste Lebendfuttersorte ist der Rote Bachröhrenwurm zu nennen, besser bekannt als *Tubifex*. Er wird bis zu 8 cm lang und ist mit den Regenwürmern verwandt. *Tubifex* ist im Zoofachhandel erhältlich und kann bei täglichem Wasserwechsel eine Zeit lang in einer flachen Wasserschale im Kühlschrank lebend gehältert werden. Die Haltung über einen längeren Zeitraum funktioniert allerdings besser in einem höheren Behälter, der unter einem tropfenden oder leicht fließenden Wasserhahn ständig mit frischem Wasser durchspült wird.

Ein weiterer im Wasser lebender Wurm, der ideal zur Quappenaufzucht geeignet und in der letzten Zeit auch bei uns immer häufiger erhältlich ist, ist der Glanzwurm, *Lumbriculus variegatus*. Mit ihm werden *Ceratophrys*-Kaulquappen in den USA überwiegend ernährt, wo diese Würmer auch schon im größeren Stil als Futtertiere auf Farmen gezüchtet werden. Glanzwürmer hält man in kleinen Wassergefäßen bei Temperaturen um 20 °C, wobei das Wasser gut durchlüftet werden sollte. Je nach Bedarf werden die Würmer alle 1–3 Tage mit *Spirulina*, Gersten- und Weizengras sowie Brennnesselpulver gefüttert. Glanzwürmer vermehren sich teilweise vegetativ, also durch Abschnürungen, aus denen ein neuer Wurm entsteht, doch können geschlechtsreife Weibchen auch Eier abzusetzen, aus denen winzig kleine Würmchen schlüpfen.

Ceratophrys-Kaulquappen nehmen aber nicht nur diverses Lebendfutter, sondern ohne Weiteres auch verschiedene Frostfuttersorten an. Frostfutter wird in warmem Wasser aufgetaut und anschließend portionsweise an die Kaulquappen verfüttert. Auf die Verfütterung von lebenden Kaulquappen, der natürlichen Nahrung von *Ceratophrys*-Larven, muss man aus Artenschutzgründen verzichten, wenn nicht gerade Nachzuchten nicht geschützter Arten zur Verfügung stehen.

Kaulquappe frißt *Tubifex*
Foto: M. Ready

1
4
2
5
3
6

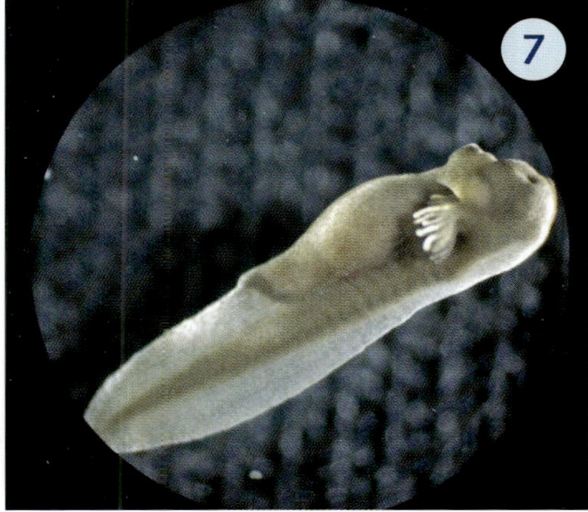

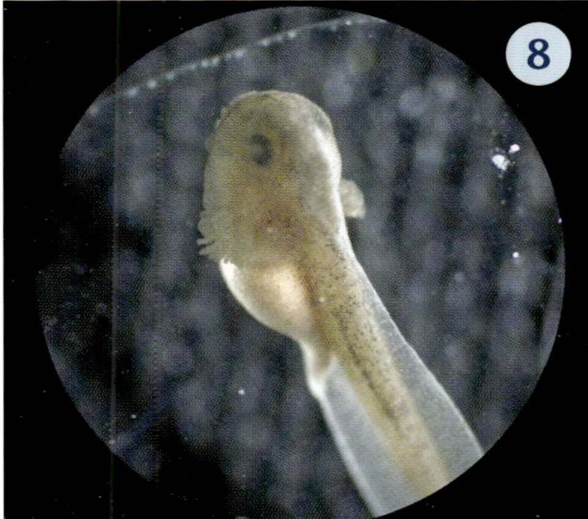

Frisch gelegtes Ei (1); Entwicklung des Eis in den ersten 24 Stunden (2–6); nach 24 Stunden frisch geschlüpfte Kaulquappe (7); weitere 12 Stunden später (8); 48 Stunden alte Kaulquappe (9) Fotos: H. Nigl

Wichtig erscheint uns für die normale Entwicklung der Kaulquappen eine nicht zu hohe Larvendichte. Man kann die Quappendichte zwar erhöhen, wenn das Wasser laufend mit einem leistungsstarken Filter gereinigt wird, doch ist auch in diesem Fall ein regelmäßiger Wasserwechsel erforderlich (abhängig vom Verschmutzungsgrad). Zwischendurch sollte man den Kot auch periodisch mit einem kurzen Schlauchstück gezielt vom Boden absaugen.

Die Wassertemperaturen bei der Aufzucht sollten zwischen 25 und 28 °C liegen. Unter optimalen Voraussetzungen können die Tiere dann bereits nach 35 Tagen an Land gehen. Die genaue Entwicklungsdauer ist allerdings stark von den Temperaturwerten, der Wasserqualität und dem Nahrungsangebot abhängig.

Beobachtungen an Kaulquappen

Neben Terrarienbeobachtungen gibt es auch eine Reihe von wissenschaftlichen Untersuchungen zu den Kaulquappen der Schmuckhornfrösche, die wir hier in kleinen Auszügen vorstellen wollen. So berichtete Miranda-Ribeiro (1923) von 18 *Ceratophrys-aurita*-Kaulquappen, die er in einem sehr flachen, ca. 10 m² großen Temporärgewässer längere Zeit beobachtete und später herausfing. In dieser kleinen Wasseransammlung fanden sich außerdem noch die Larven folgender Froscharten: *Leptodactylus* spp., *Hypsiboas faber* sowie der beiden Makifrösche *Phyllomedusa bicolor* und *P. hypochondrialis.*

Die Kaulquappen des Schmuckhornfrosches lagen in diesem Gewässer tagsüber regungslos auf dem Grund, meist auf offenen Schlammflächen; nur gelegentlich schwammen sie zum Luftholen an die Oberfläche. Sie erwiesen sich als ausgesprochene Lauerjäger, die geduldig

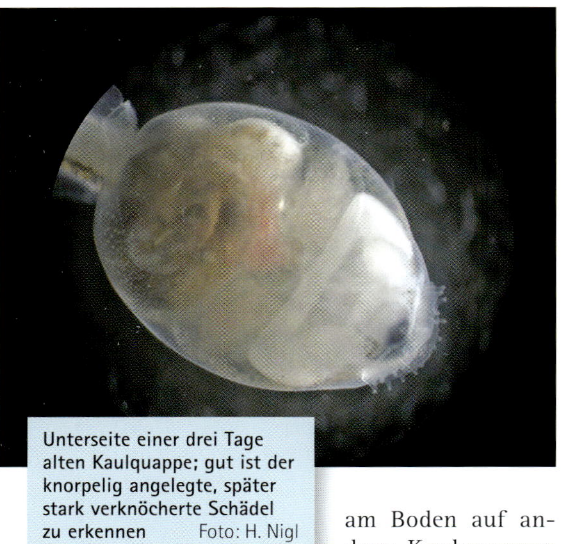

Unterseite einer drei Tage alten Kaulquappe; gut ist der knorpelig angelegte, später stark verknöcherte Schädel zu erkennen Foto: H. Nigl

am Boden auf andere Kaulquappen warteten, die sie durch plötzliches Zupacken mit ihren Hornkiefern erbeuteten. Beim anschließenden Fang der *Ceratophrys*-Larven aus dem Gewässer versuchten die Tiere sogar, den Fänger in die Finger zu beißen. Die weitere Aufzucht gelang nur bei vier der 18 Larven. Aufgrund seiner Erfahrungen vermutete Miranda-Ribeiro, dass die Entwicklung von der Eiablage bis zum fertigen Frosch (mit vollständiger Rückbildung des Schwanzes) bei *C. aurita* in der Natur ca. 70 Tage dauert. Bereits mit 23 Tagen waren seine Kaulquappen aber vollständig ausgefärbt und besaßen die typische Fleckenzeichnung der umgewandelten Frösche. Bei den großen, fast ausgewachsenen Larven entfiel etwa ein Drittel der Gesamtlänge von 65 mm auf den Körper, zwei Drittel kamen auf den Schwanz.

Interessant war auch eine weitere Beobachtung: Die Kaulquappen zeigten einen hellen gelben Fleck auf der Schnauzenspitze, von dem Miranda-Ribeiro vermutete, dass es sich hierbei um eine Form der Bates'schen Mimikry (Nachahmung giftiger oder wehrhafter Arten zum eigenen Schutz) handelt, in diesem Fall um die Nachahmung einer im selben Gebiet vorkommenden, sehr giftigen Kugelfischart; diese im Süßwasser lebende Spezies birgt in ihrer Haut eines der stärksten heute bekannten Nervengifte.

Die Morphologie und Ernährung der Kaulquappen von *C. cranwelli* im ökologischen Kontext untersuchte Candioti (2005) etwas genauer. Die Biologin stellte fest, dass es sich bei Hornfroschkaulquappen grundsätzlich um fleischfressende Räuber handelt, die sich fast ausschließlich von anderen Froschlarven ernähren. Damit sie diese erbeuten können, ist das Maul der *Ceratophrys*-Larven wie ein Papageienschnabel gebaut: Es besteht aus zwei kräftigen, überaus harten Hornplatten, die auf dem Kieferrand sitzen und scharfe, leicht gezähnte Kanten haben; die Platten fallen am Ende der Metamorphose ab. Auffällig ist weiterhin, dass die Innenseiten der Lippen mit zahlreichen Reihen kleinerer Hornzähnchen besetzt sind, die auch das Festhalten sehr glitschiger Beute ermöglichen. Die gesamte Schädel- und Kiefermuskulatur ist vergleichsweise kräftig ausgebildet und verleiht den Kaulquappen eine große Beißkraft, die zum Erbeuten und Fressen anderer Anurenlarven auch dringend benötigt wird. Da der „Papageienschnabel" die Größe der aufnehmbaren Beuteteile begrenzt, müssen die als Beute dienenden Kaulquappen anderer Froscharten oft erst einmal zerrissen werden, bevor sie verschluckt werden können. Dies unterscheidet *Ceratophrys*-Quappen auch von anderen, ebenfalls Froschlarven fressenden Kaulquappen, die ihre Opfer meist im Ganzen verschlingen. Candioti geht davon aus, dass Hornfroschkaulquappen auf diese Weise eine wichtige Rolle bei der Regulierung der aquatischen Lebensgemeinschaften in temporären Gewässern spielen.

Bemerkenswert mutet auch folgende Beobachtung an: Candioti (2005) untersuchte die Mageninhalte von einigen wenigen *Ceratophrys*-Kaulquappen, die sie in einem temporären Tümpel am Ende der Saison noch fing (es befanden sich also keine weiteren Anurenlarven im Gewässer). Dabei kam zu Tage, dass *Ceratophrys*-Quappen sich offenbar sehr flexibel dem veränderten Futterangebot anpassen können und in der Lage sind, bei Bedarf sehr unterschiedliche Nahrungsquellen zu nutzen. Ihre Mägen enthielten in dem geschilderten Fall an bestimmbaren Komponenten 47,05 % Geißeltierchen, 30,94 % Insekten, 19,76 % Krebstiere, 0,79 % Würmer (Wenigborster oder Oligochaeten), 0,45 % Rädertierchen, 0,37 % Pflanzenteile, 0,32 % Fadenwürmer (Nematoden), 0,22 % Algen, 0,13 % Augentierchen, 0,06 % Amöben und 0,03 % Kieselalgen.

Recht spektakulär ist auch der erste Nachweis rufender Kaulquappen, den NATALE et al. (2011) kürzlich publizierten. Auf das genannte Phänomen stießen die Wissenschaftler durch reinen Zufall, als sie für Studienzwecke verschiedene Frösche aus der Natur entnommenen Eiern aufzogen, unter anderem *C. ornata*. Beim Fang mit einem Käscher gaben die Kaulquappen bei Berührung nämlich schrille, metallisch klingende Töne von sich, die kurz, klar und deutlich vernehmbar waren. Bei genauerer Untersuchung stellten NATALE et al. dann fest, dass die Kaulquappen erstaunlicherweise schon 72 Stunden nach dem Schlupf in der Lage sind, solche Geräusche zu erzeugen. Bei den Lauten handelt es sich um eine Serie kurzer, ca. 0,05 Sekunden dauernder, metallischer Klicktöne, die einem sehr schnellen Triller vergleichbar sind und etwa im Frequenzbereich von 2.000–3.000 Hz liegen.

Diesen Warnruf können sowohl Kaulquappen als auch Jungfrösche ausstoßen. Damit die Kaulquappen dazu in der Lage sind, müssen sie erst einmal an die Wasseroberfläche kommen und mit dem Maul atmosphärische Luft aufnehmen. Diese wird dann – ganz ähnlich wie bei ausgewachsenen Fröschen – aus den Lungen durch offene Stimmritzen (Glottis) gepresst. Da den Kaulquappen die zum Ausstoßen der Luft nötige Muskulatur aber noch fehlt, müssen sie sich anders behelfen: Aufgrund der Beobachtungen vermuten die Wissenschaftler, dass die Larven zur Lauterzeugung ihren Körper blitzschnell seitlich zusammenziehen und einen Schwanzschlag gegen die Flanke ausführen, worauf ein innerer Druck entsteht, der die Luft durch die Stimmritzen nach außen presst und den Laut erzeugt.

Auch eine biologische Erklärung für dieses Verhalten gibt es: Die Larven von *C. ornata* leben als Fleischfresser hauptsächlich von anderen Kaulquappen und Wirbellosen. Während sie kleinere Futter-

Kaulquappe von *Ceratophrys cranwelli* Foto: J. Köhler

tiere in einem Stück verschlingen, werden größere, wie erwähnt, zuvor mit dem harten Hornkiefer zerteilt. Um nicht selbst Opfer anderer Schmuckhornfroschkaulquappen zu werden, stoßen die Larven einen Warnruf aus, sobald sie attackiert oder auch nur berührt werden. Die Bewegung beim Ausstoßen der Laute bewirkt zugleich ein Wegkatapultieren von der potenziellen Gefahrenquelle.

Interessanterweise führen die Wissenschaftler weiter aus, dass in einem Aufzuchtbehälter alle artfremden Kaulquappen gefressen wurden, wohingegen es dort nie zu Kannibalismus kam – ein solches artschädigendes Verhalten wird in der Natur also offenbar vermieden. Leider machten viele Terrarianer bei der Aufzucht ihrer Kaulquappen aber ganz andere Erfahrungen und verloren immer wieder Teile der Nachzuchten durch Kannibalismus.

Aufzucht der Jungfrösche

Die Aufzucht der jungen Frösche ist unproblematisch, so lange man die Tiere einzeln in kleinen Terrarien oder – bei größerer Anzahl – in Plastikboxen unterbringt. Da Schmuckhornfrösche grundsätzlich jede Bewegung in ihrem Umfeld als Fressreiz wahrnehmen, werden auch die Bewegungen ihrer Mitbewohner so gedeutet. Ist ein Geschwisterchen erst einmal gepackt, wird so lange gewürgt und geschlungen, bis es im Magen landet. Hierdurch wachsen einige Frösche schneller als andere und entwickeln dadurch wiederum einen gesteigerten Appetit auf kleinere Artgenossen; so kann sich der Bestand im Laufe weniger Tage merklich verringern. Wer seine Nachzuchten möglichst ohne Verluste aufziehen will, kommt an einer Einzelhaltung daher nicht vorbei.

Jungtier in einer Aufzuchtbox Foto: W. Schmidt

Die Aufzucht kann in unterschiedlichsten Behältern erfolgen Foto: W. Schmidt

Glücklicherweise ist die starke kannibalische Neigung nur bei Jungtieren ausgeprägt; bei ausgewachsenen Fröschen tritt sie eigentlich nicht mehr auf. Dennoch ist es in Terrarien schon zu zahlreichen „Unfällen" mit adulten Schmuckhornfröschen während der Fütterung gekommen, weshalb eine Einzelhaltung auch bei ihnen die Regel bleiben sollte.

Ein Exemplar von *Ceratophrys ornata* bemerkt seinen Nachbarn und beginnt ihn zu verschlingen
Fotos: F. W. Henkel

Die Unterbringung der jungen Frösche erfolgt am besten in kleinen Behältern (Fauna-Boxen, Miniterrarien usw.) oder in Schubladenkästen (Rack-Terrarien), deren Einrichtung denkbar einfach gehalten sein kann: eine Schicht Tonkügelchen (für die Pflanzen-Hydrokultur) bei einem Wasserstand von 0,5–2 cm, abhängig von der Größe der Nachzuchten, reicht völlig aus. Damit die Frösche nicht versehentlich das Tonsubstrat mitfressen, ist unter diesen Bedingungen eine Fütterung von der Pinzette unumgänglich. Dies mag vielleicht widersinnig klingen, denn einerseits warnen wir vor dem Fresswahn der Tiere und dabei mitverschluckten Einrichtungsgegenständen, andererseits empfehlen wir jetzt Tonkügelchen als Substrat? Die Begründung lautet aber ganz einfach, dass wir – besonders was die Hygiene angeht – mit diesem Material die besten Erfahrungen gemacht haben und es auch nie zu Ausfällen kam.

Mindestens einmal pro Woche sollten die kleinen Behälter gründlich gereinigt werden. Hierbei muss man das gesamte Terrarium gut durchspülen, um wirklich alle Exkremente der Frösche restlos zu beseitigen. Da die Ausscheidungen sehr viel Ammoniak enthalten, kann es in stark verschmutzten Behältern sonst zum Tode der Tiere kommen! Dank ihrer guten Futterverwertung hält sich die Kotmenge allerdings in vergleichsweise engen Grenzen.

Eine weitere Methode ist die Aufzucht der Jungen einfach auf feuchten Schaumstoffmatten für die Terraristik. Bei dieser Methode ist ein versehentliches Verschlucken von Fremdkörpern ausgeschlossen, sodass man die Futtertiere auch lebend ins Aufzuchtbecken geben kann; die Aktivität der Frösche wird durch freilaufende Insekten erheblich gefördert. Allerdings müssen

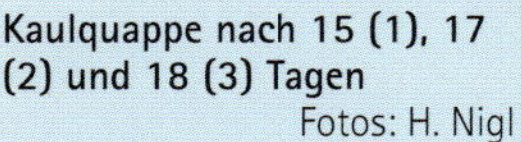

Kaulquappe nach 15 (1), 17 (2) und 18 (3) Tagen
Fotos: H. Nigl

die Matten häufig gesäubert und alle nicht gefressenen Futtertiere sorgsam entfernt werden.

Wenn man nur einige wenige Jungfrösche erwirbt und diese möglichst naturnah aufziehen möchte, kann man sie auch in einem voll eingerichteten Terrarium halten, wobei sich die Einrichtung an den Ansprüchen der erwachsenen Tiere orientiert. Auch bei dieser Methode kommt man um eine Einzelaufzucht nicht herum, und die Fütterung von der Pinzette hat sich unter diesen Bedingungen ebenfalls sehr bewährt, denn kleine Frösche haben erheblich mehr Probleme mit versehentlich verschluckten Objekten als adulte.

Am Anfang füttert man die Jungtiere möglichst täglich. Ideal sind Grillen, Schaben und ähnliche Insekten sowie Regenwürmer, die immer gründlich mit einem hochwertigen Vitamin-Mineralstoff-Gemisch eingestäubt werden

Hier ist gut der „Papageienschnabel" zu erkennen, der aus zwei kräftigen, überaus harten Hornplatten besteht
Foto: M. Ready

müssen. Verzichtet man darauf, kommt es schnell zu rachitischen Erscheinungen: Der Knochenaufbau entwickelt sich nicht optimal, und es kommt zu Verkrüppelungen an der Wirbelsäule und den Extremitäten. Sobald die Jungfrösche eine Länge von etwa 4–5 cm erreicht haben, sollten sie zusätzlich kleine Fische und sehr selten auch mal ein Mäusebaby erhalten. Die Temperatur sollte während der Aufzucht tagsüber etwa 28 °C betragen und nachts nur leicht absinken. Entweder wird das gesamte Terrarienzimmer auf diesem hohen Temperaturniveau gehalten, oder man besorgt sich z. B. einen Zuchtschrank mit eingebauter Heizung. Ein zu starkes Abkühlen der Behälter beeinträchtigt die Verdauungstätigkeit der Frösche und kann letztlich zu ihrem Tode führen.

Protokoll einer Aufzucht

Honegger et al. (1985) protokollierten die gesamte Zeit einer Terrarienaufzucht von *Ceratophrys ornata*, von der Eiablage über das Larven- bis zum Adultstadium. Ihre Beobachtungen möchten wir in der folgenden Tabelle verkürzt wiedergeben:

Regenwürmer sind hochwertige Futtertiere für Schmuckhornfrösche Foto: K. Kunz

Alter in Tagen	Beobachtung (die Wassertemperatur für die Kaulquappen betrug durchschnittlich 25 °C)
0	Vermutete Laichablage (nicht beobachtet)
1	Etwa 300 Eier im Bassin gefunden (kleine Gruppen von 3–7 Stück, Eier in Gallerthüllen an der Oberfläche schwimmend; Durchmesser der kleinsten Eier 2 mm)
2	Kaulquappen haften an den Wasserpflanzen, gegen Abend schwimmen einzelne frei; Pupille gut sichtbar, Darm sichtbar, nur noch eine Atemöffnung; Gesamtlänge 12,5 mm, Körperdurchmesser 3 mm; 19 Larven werden zur separaten Aufzucht abgesondert.
3	Die ersten Farben werden deutlich. Plötzliche Angriffe auf andere Quappen, die sich sofort um die eigene Achse zu drehen beginnen oder auf den Boden flüchten, anschließend taumelndes Schwimmen.
4	Anfallen anderer Kaulquappen von Maul zu Maul, Maulzerren. Bei drei kontrollierten Tieren fehlt nachher ein Stück Kiefer. Keine Verluste
5	*Tubifex* und tote Wasserflöhe werden am Boden gefressen; Gesamtlänge 16 mm
6	Gesamtlänge 18 mm, Körperdurchmesser 4,5 mm
7	Attacken von Maul zu Maul mehren sich. *Tubifex* werden drei Mal täglich verfüttert, keine Verluste
8	Musterung beginnt sich deutlich abzuzeichnen; Gesamtlänge 23 mm
9	Gesamtlänge 24 mm
10	Gesamtlänge 25 mm
11	Rückenstreifen sehr markant, von oben betrachtet irisierend schimmernd
12	Gesamtlänge 26 mm
13	Angriff auf im Wasser schwebende *Tubifex* von 10 mm; Gesamtlänge 40 mm, Körperdurchmesser 15 mm. Von zehn in separatem Behälter (25 x 15 x 15 cm) gemeinsam gehaltenen Exemplaren nur noch drei lebend.
16	Gesamtlänge 45 mm. Hinterextremitäten liegen frei. Die Tiere steuern sich bewegende Beute direkt an. Geräuschvolles Abbeißen von kleinen Fleischstücken unter Wasser.
18	Hinterextremitäten größer, Zehen geteilt, Augen beweglich. Regenwürmer von 40 mm Länge werden aktiv angesteuert und gefressen.
20	Gesamtlänge 63 mm. Regenwürmer von 50 mm Länge werden gefressen.
21	Gesamtlänge des größten Exemplars 68 mm
22	Gesamtlänge 70 mm, ein Vorderbein bricht aus der Tasche hervor; grüne Färbung wird immer brillanter
23	Gesamtlänge 72 mm
24	*Tubifex* wird von der Pinzette gefressen
25	Keine Futteraufnahme. Am Unterkiefer 6, am Oberkiefer 7 Zahnleisten. Bei der Häutung verlieren die jungen Frösche zuerst die Oberkiefer- und einige Stunden später auch die Unterkiefer-Hornscheiden. Pilzbefall bei einigen Exemplaren. Verluste.
27	Beide Vorderbeine freibeweglich, Schwanz schrumpft
30	Auf feuchtes *Sphagnum*-Moos umgesetzt
32	Kopf-Rumpf-Länge 23 mm. Schwanz bis auf etwa 1 mm langen Stummel abgebaut. Mit der Pinzette werden kleine Larven der Wachsmotte (Wachsmaden) angeboten und erstmals wird eine davon gefressen.
36	Die Tiere fressen Wachsmaden und kleine Grillen, Metamorphose abgeschlossen
56	Die Tiere werden täglich zwei Mal mit Wachsmaden oder Grillen gefüttert (diese werden ab und zu mit phosphorsaurem Kalk „gepudert")
56	Gesamtlänge 35 mm. Die Jungfrösche erhalten täglich kleine Rotaugen oder Stücke von Fischfleisch.
93	Gesamtlänge 40 mm. Die Frösche erhalten täglich nestjunge Mäuse, Fische und Muskelfleisch, in kleine Stücke geschnitten.
125	Gesamtlänge 55 mm. Die Frösche erhalten pro Woche zwei Mal halbwüchsige, frisch abgetötete Mäuse oder Nestratten.
158	Durchschnittliche Größe der Männchen 88,5 mm (n = 2), der Weibchen 91,8 mm (n = 9). Alle Jungfrösche fressen jetzt frisch abgetötete, normal große Mäuse. Ein Frosch (Gesamtlänge 118 mm) verschlingt eine frisch abgetötete Mongolische Rennmaus. Unter elf Exemplaren zeigen zwei Tiere Brunftschwielen. Eines dieser Männchen wird durch Übersprühen des Terrariums mit lauwarmem Wasser zum Rufen animiert.

Wie kann man durch Auslese bestimmte Muster und Farben züchten?

Farben und Muster der Tiere lassen sich durch Selektion (hier: vom Menschen gesteuerte Zuchtwahl) beeinflussen. Auch bei Schmuckhornfröschen sind durch Herauszüchten bestimmter Merkmale schon zahlreiche „künstliche" Farb- und Zeichnungsvarianten entstanden. Um dieses Ziel zu erreichen, werden Männchen und Weibchen mit ganz bestimmten farblichen Eigenschaften verpaart, damit sie ihre Abweichungen vom normalen Erscheinungsbild weitervererben. Nach mehreren Generationen selektiver Auslese erhält man so eventuell in Aussehen und Farbe fast identische Nachkommen. Ohne derartige Maßnahmen würden die Frösche nach wenigen Generationen wieder ihr normales Aussehen annehmen.

Wer sich intensiv mit diesem Thema beschäftigen will, sollte spezielle Fachliteratur zu Rate ziehen; hier können wir nur einen kurzen, stark vereinfachten Überblick geben. Etwa 1865 schuf der Brünner Augustiner-Chorherr Gregor MENDEL (1822–1884) die Grundlagen der modernen Vererbungslehre: Er fand heraus, dass besondere Merkmale unterschiedlich vererbt werden. So traten beispielsweise als Resultat der Kreuzung von rot- und weißblühenden Erbsensorten Pflanzen mit rosa Blüten auf, während bei einer anderen Sorte alle Nachkommen der ersten Generation rot blühten. Aus seinen Entdeckungen folgerte MENDEL schließlich, dass die Erbfaktoren in jedem Lebewesen paarweise enthalten sind – die eine Hälfte stammt von der Mutter, die andere vom Vater.

Heute wissen wir, dass die Erbsubstanz – also die kodierten Erbinformationen aller Lebewesen – in der Desoxyribonukleinsäure (kurz DNS oder engl. DNA) gespeichert ist. Sie besteht aus vier basischen Molekülen (Adenin, Cytosin, Guanin und Thymin), deren Anordnung für den genetischen Bauplan verantwortlich ist. Die DNA enthält Gene (bestimmte Abschnitt der DNA), die jeweils Grundinformationen zur Herstellung biologisch aktiver Ribonukleinsäuren oder Proteine liefern, die für die biologische Entwicklung eines Organismus und den Stoffwechsel in seinen Zellen notwendig sind. Verschiedene Gene sind dabei auf einem Chromosom zusammengefasst.

Zur Verdeutlichung des Phänomens der Vererbung stellen wir hier nur die Vorgänge bei „normalen" diploiden Schmuckhornfröschen dar und lassen die oktoploiden Arten *Ceratophrys joazeirensis*, *C. aurita* und *C. ornata* außer Betracht. Jeder Schmuckhornfrosch erbt von seinen Eltern je einen Chromosomensatz und verfügt demzufolge über die doppelte Chromosomenzahl (diploid). Für jedes Merkmal gibt es stets zwei Gene (oder Gengruppen), in denen alle notwendigen Informationen „gespeichert" sind. Folglich kann ein bestimmtes, als Gen vorhandenes Merkmal (etwa das für die Färbung verantwortliche) in unterschiedlicher Ausprägung auftreten. Die verschiedenen Varianten eines Gens bezeichnet man als Allele, wobei jeweils eines vom Vater und eines von der Mutter stammt. Sind die betreffenden Gene in beiden Chromosomensätzen gleich (solche Tiere werden bezüglich eines Merkmals „reinerbig" genannt), ist das Erscheinungsbild klar und eindeutig. Sind sie aber verschieden, überwiegt in der Regel ein „Informationssatz" (der dominante), während sein Gegenstück (der rezessive) unterdrückt wird. Die Gene, auf denen die natürlichen Färbungs- und Zeichnungsinformationen festgeschrieben sind, sind gegenüber defekten Allelen (z. B. Genen für Albinismus) dominant. Ein rezessives Merkmal kommt also erst dann zum Durchbruch, wenn die entsprechenden Erbinformationen in beiden Chromosomensätzen vorhanden sind.

Wichtig ist in diesem Zusammenhang auch der Unterschied zwischen Genotyp und Phänotyp: Da der Phänotyp lediglich das äußere Erscheinungsbild eines Individuums umschreibt,

Ceratophrys cranwelli, Farbvarianten aus einer Nachzucht Fotos: H. Nigl

Jungtier der „Red Phase"-Farbform
Foto: The Frog Ranch LLC

gibt er keinerlei Aufschluss über den Genotyp, d. h. über die tatsächliche Genkonstellation, die zu einem konkreten Aussehen führt. So kann beispielsweise ein äußerlich völlig normal wirkender Schmuckhornfrosch durchaus Geninformationen für Albinismus bergen, die jedoch bei seinem Phänotyp nicht zur Ausprägung kommen, da sie eben rezessiv (und damit verborgen) sind. An diesem mischerbigen Beispiel erkennt man das Zusammenspiel von dominanten und rezessiven Erbfaktoren. Nur durch exakte Aufzeichnungen kann man bei der Zucht im Laufe der Zeit den Genotyp seiner Tiere herausfinden bzw. hypothetisch erschließen.

Die Mechanismen der Vererbung verhindern in der Natur, dass durch zufällige Mutationen sofort neue Formen entstehen, denn es kommt nur äußerst selten vor, dass sich Tiere, die denselben genetischen Defekt ausweisen, miteinander paaren. Innerhalb der einzelnen Populationen findet man gewöhnlich immer nur einzelne Individuen, die durch Abweichungen vom vorherrschenden Phänotyp auffallen. Andererseits gibt es aber auch Populationen, in denen sich ganz bestimmte Merkmale – etwa Melanismus (Schwarzfärbung) – signifikant häufen.

Da die Mechanismen der Vererbung berechenbar sind, kann man bestimmte Merkmale im Laufe mehrerer Generationen planmäßig herauszüchten. Allerdings funktioniert dies eben nicht so einfach, dass man z. B. nur zwei Albinos miteinander verpaaren muss und dann ausschließlich entsprechende Nachkommen erhält. Erst wenn beide Elternteile reinerbig für Albinismus sind, produzieren sie fast immer entsprechenden Nachwuchs. Da bei einer derartigen Kreuzung auch viele weitere unterschiedliche Erbanlagen vermischt werden, treten dann unter Umständen auch wieder neue, nicht vorhersehbare Farbvarianten auf.

Noch schwieriger wird das Zusammenspiel bei der Vererbung von Farb- oder Zeichnungsinformationen, wenn diese sich nicht nur auf ein Genpaar beschränken, sondern über mehrere Gene verteilt liegen. Die Anzahl möglicher Kombinationen innerhalb des Genpools steigt dann stark an.

Farb- und Zeichnungsvarianten

Vor allem in Japan und den USA ist es mittlerweile zu einer wahren Mode geworden, durch Selektion bzw. gezieltes Verpaaren von Schmuckhornfröschen ganz bestimmte Farbmerkmale herauszuzüchten (also eine Zucht im eigentlichen Wortsinn zu betreiben).

Für diese Farbzüchtungen gibt es keine allgemeingültigen, einheitlichen Regeln, wie man sie zum Beispiel von Rassehunden kennt. Unsere hier vorgestellten Kurzbeschreibungen der unterschiedlichen Farbmorphen erheben daher auch keinen Anspruch auf Vollständigkeit oder das Setzen von Standards. Vielmehr haben wir versucht, unsere Erfahrungen mit den Angaben in der Literatur abzustimmen und zu vergleichen. Andere Angaben zu einzelnen Farbformen können aber durchaus ihre Berechtigung haben.

Auch die Übergänge zwischen den einzelnen Farbzüchtungen gestalten sich oft fließend, und viele Bezeichnungen sind rein willkürlich gewählt. Eine genaue Abgrenzung kann daher nicht in allen Fällen vorgenommen werden.

Alle genannten Zeichenmuster und Farben beschränken sich in der Regel auf die Körperoberseite. Da die Namen der meisten Farbvarianten von den jeweiligen Nuancen abgeleitet werden, ist ihre Deutung häufig unmittelbar einsichtig; manchmal wird auch der eigentliche Artname als Zusatz angeführt. Mit den Bezeichnungen sind übrigens stets erwachsene Frösche gemeint, denn die Jugendfärbung ist nicht immer ein verlässliches Indiz für das Aussehen adulter Tiere.

Wir beschreiben im Folgenden einige Zuchtformen, die zurzeit regelmäßig aus den USA und aus Japan importiert werden. Wer genau hinsieht, kann erkennen, dass die typischen Zeichnungselemente bei den meisten Fröschen in unterschiedlichen Farbnuancen vorhanden sind.

Ceratophrys cranwelli „Albino"
Foto: K .Kunz

Ceratophrys cranwelli Sunglow Foto: F. W. Henkel

Orange Albino Pacman Frog (*Ceratophrys cranwelli*) Foto: F. W. Henkel

Red Ornata Pacman Frog (*Ceratophrys ornata*) Foto: F. W. Henkel

Apricot Albino Pacman Frog: Bei diesen Fröschen sind die Augen kräftig dunkelrot, woran man erkennt, dass es sich um eine Albino-Zuchtform handelt. Die Bezeichnung „Apricot" leitet sich von der gleichnamigen Frucht (Aprikose) ab und bezieht sich auf den Grundfarbton; darüber hinaus können hellere und dunklere Farbschattierungen auftreten. Durch das Fehlen von Melanin in der Farbzusammensetzung entstehen allerdings keine dunklen bzw. schwärzlichen Farbnuancen.

Lime Green Albino Pacman Frog: Auch bei dieser Form handelt es sich um eine albinotische Variante, für die überwiegend ein heller, fast durchsichtiger Gelbton herausgezüchtet wurde. Auch die dunkleren Farbnuancen dieser Variante weisen überwiegend eine etwas kräftigere Gelbfärbung auf. Die Augen sind meist hellrosa, fast durchsichtig.

Samurai Pacman Frog (blue color): Bei dieser Zeichnungsvariante überwiegt die Blaufärbung. Allerdings sind häufig nur die Jungfrösche kräftig blau, um mit zunehmendem Alter an Farbintensität zu verlieren; die Tiere werden dann blasser, und andere Töne treten stärker hervor. Da es sich um keine Albino-Zuchtform handelt, sind die Augen schwarz.

Green Fantasy Pacman Frog: Diese Bezeichnung wird für überwiegend grasgrüne Hybriden mit *Ceratophrys cornuta* genutzt. Nachzuchten dieser Farbvariante weisen wieder das gesamte natürliche Farbspektrum dieser Art auf.

Green Pacman Frog: Hinter dieser Bezeichnung verbergen sich in der Regel Schmuckhornfrösche der Art *Ceratophrys cranwelli*, die vor allem grüne Farbanteile aufweisen.

Peppermint Pacman Frog: Hierbei handelt es sich um *Ceratophrys cranwelli* mit überwiegend hellgrünen bis türkisblauen Farbanteilen. Man hat auch schon Albinos namens „Peppermint Albino Pacman Frog" gezüchtet.

Green Albino Pacman Frog (*Ceratophrys cranwelli*) Foto: W. Schmidt

Green Pacman Frog (*Ceratophrys cranwelli*) Foto: W. Schmidt

Lemon Albino Pacman Frog (*Ceratophrys cranwelli*) und Blue Pacman Frog (*Ceratophrys cranwelli*) Fotos: F. W. Henkel

Peppermint Pacman Frog (*Ceratophrys cranwelli*) Foto: W. Schmidt

Peppermint Albino Pacman Frog (*Ceratophrys cranwelli*) Foto: W. Schmidt

Samurai Pacman Frog (Ceratophrys cranwelli)
Foto: W. Schmidt

Green Albino Pacman Frog (*Ceratophrys ornata*)
Foto: F. W. Henkel

Red Hypo Ornata Pacman Frog (*Ceratophrys ornata*)
Foto: W. Schmidt

Brown Pacman Frog (*Ceratophrys cranwelli*)
Foto: W. Schmidt

***Ceratophrys cranwelli* Sunglow:** Hier handelt es sich um die gezielte Herauszüchtung einer amelanistischen Farbform. Die Grundfärbung besteht aus einem kräftig gelben Farbton, die Augen dieser Frösche sind hellrot. Der Name „Sunglow" (Sonnenglimmen) soll eigentlich auf runde orange Flecken auf gelbem Grund verweisen; sie sind bei dieser Variante aber überwiegend als längliche Gebilde vorhanden, sodass der Name etwas irreführend ist.

***Ceratophrys cranwelli* Albino Orange Line:** Auch dieser Form, bei der besonderer Wert auf ein intensiveres Orange der Zeichnungselemente gelegt wurde, fehlen infolge von Melaninmangel alle dunklen Farbtöne. Grundfärbung ist ein blasses Rosa mit kräftiger dunklerer Balkenzeichnung, insgesamt wirkt die Haut der Frösche orangerot. Auch diese Form hat hellrosa Augen.

Phantom Pacman Frog: Bei dieser Variante fehlen sämtliche roten und gelben Farbanteile, also eine Form von sogenanntem Axanthismus. Die hellbeige Grundfärbung wird von dunklen Zeichnungselementen unterbrochen – ein Muster, das bei den meisten Farbmorphen immer in unterschiedlicher Ausprägung vorhanden ist.

„Camo"-Morphe
Foto: The Frog Ranch LLC

„Leopard"-Morphe
Foto: The Frog Ranch LLC

Noch nicht benannte Morphe
Foto: The Frog Ranch LLC

„Mosaic“
Foto: The Frog Ranch LLC

Red Ornata Pacman Frog: Wie der Name schon andeutet, handelt es sich hier um eine rote Farbvariante von *Ceratophrys ornata*, bei der die rote Färbung aber gezielt intensiviert wurde. Es ist eine reine Farbzucht, die durch Selektion entsteht und in unterschiedlichen Spielarten gezüchtet wird. Auch bei dieser Form sind die andersfarbigen Zeichnungselemente noch deutlich sichtbar, und da es sich um ein weitgehend normales Farbkleid handelt, besitzen die Frösche die typischen schwarzen Augen.

Weitere spektakuläre, großteils neue Farbmorphen stellen wir auf den folgenden Seiten im Bild vor.

„Lime green patternless"
Foto: The Frog Ranch LLC

„Mint"-Morphe
Foto: The Frog Ranch LLC

Eine Hochburg der Farb- und Zeichnungszucht von Schmuckhornfröschen ist Japan, und hier hat sich besonders Yoshihito Otsu hervorgetan, der die "Herptile Farm NUANCE" betreibt. Auf den folgenden Seiten möchten wir Ihnen einige seiner Morphen präsentieren. Teils sind sie schon genetisch gefestigt, teils ist die entsprechende Reinzucht noch im Gange.

Alle Fotos S. 124–131 von Herptile Farm NUANCE.

Ceratophrys cranwelli x *Ceratophrys* cornuta (sogenannte Fantasy Pacman)
Foto: F. W. Henkel

Artbastarde

Kreuzungen zwischen verschiedenen Spezies sind eine typische japanische und amerikanische Unsitte, die leider auch bei Schmuckhornfröschen Einzug gehalten hat, denn es ist bereits gelungen, die beiden Arten *Ceratophrys cornuta* und *C. cranwelli* sowie zu kreuzen. Solche Tiere werden teilweise unter der Bezeichnung „Fantasy" oder „Special" angeboten.

Nicht alle Schmuckhornfroscharten lassen sich allerdings miteinander verpaaren. Dies könnte unter anderem auch an den unterschiedlichen Chromosomensätzen der einzelnen Spezies liegen, denn während *C. joazeirensis*, *C. aurita* und *C. ornata* in jeder Zelle jeweils acht Chromosomensätze (Oktoploidie) aufweisen, besitzen die anderen Schmuckhornfrösche nur einen diploiden (doppelten) Chromosomensatz.

Special Pacman Frog (*Ceratophrys cranwelli* x *Ceratophrys cornuta*)
Foto: W. Schmidt

Tierschutz

Schmuckhornfrösche sind derzeit nicht international artgeschützt
Foto: W. Schmidt

Schmuckhornfrösche unterliegen nicht dem Artenschutz und können daher frei erworben und veräußert werden. Die meisten Arten sind, soweit bekannt, in freier Natur nicht gefährdet, es fehlen aber derzeit noch statistische Erhebungen und genauere Populationsanalysen. Allerdings gilt auch für nicht bedrohte Spezies das Tierschutzgesetz, das ihren Schutz vor unsachgemäßer Haltung regelt. Um diesen gesetzlichen Erfordernissen zu entsprechen, haben sich verschiedene vivaristisch orientierte Organisationen – insbesondere die DGHT und der VDA – stets bemüht, Standards zu formulieren, die auf die artgerechte Tierhaltung abzielen. Dazu gehören der sogenannte Befähigungsnachweis, mit dem jeder Pfleger seine Sachkunde nachweisen kann, oder die „Allgemeinen Haltungsrichtlinien für Anuren". Nähere Informationen erhält man über die DGHT (siehe Anhang).

Um Probleme mit Naturschutzbehörden zu vermeiden, sollte man sich in Deutschland bei der Haltung von Fröschen an diesen Richtlinien orientieren, die den Behörden als Maßstab dienen. In ihnen werden verschiedene Grundvoraussetzungen für eine tiergerechte Unterbringung definiert, insbesondere die Terrariengröße. Aus den Haltungsrichtlinien folgt beispielsweise, dass ein Exemplar von *Ceratophrys ornata* in einem Terrarium zu pflegen ist, dessen Mindestdimension 60 x 60 x 40 cm (Länge x Breite x Höhe) betragen soll.

Krankheiten

Dies ist eines der schwierigsten Themen bei der Haltung von Schmuckhornfröschen. Da wir und die meisten Terrarianer nicht entsprechend qualifiziert sind, verzichten wir darauf, hier eine der in der Fachliteratur manchmal üblichen Tabellen mit Krankheiten und deren Behandlung aufzustellen; stattdessen wollen auf die einschlägige Fachliteratur verweisen. Wer sich intensiver mit diesem Thema befassen will, kann z. B. das Buch von MUTSCHMANN (2009) erwerben.

Die gelegentlich auftretenden Häutungsschwierigkeiten sind oft Folge einer unausgewogenen Ernährung oder zu trockenen Haltung. Beides lässt sich einfach durch Optimierung der Haltungsparameter abstellen. Im Falle einer echten Erkrankung, die bei Schmuckhornfröschen allerdings schwer zu erkennen ist, da die Tiere die meiste Zeit regungslos am Boden sitzen, ist unverzüglich ein mit Amphibien vertrauter Tierarzt aufzusuchen.

Insgesamt aber handelt es sich bei allen Hornfröschen um vergleichsweise robuste Tiere. Nur die Gefahr des Verschluckens von Einrichtungsgegenständen führt hin und wieder zur Verstopfung und hat möglicherweise den Tod durch Unterernährung zur Folge. Eine Operation durch einen erfahrenen Tierarzt, die bei großen Exemplaren durchaus möglich ist, ist dann oft die einzige Rettung. Besser ist es, gerade bei der Aufzucht von Jungtieren, diese mit der Pinzette zu füttern oder bei der Einrichtung auf potenziell gefährliche Substrate zu verzichten.

Dieses Exemplar von *Ceratophrys cornuta* hat einen deformierten Körperbau
Foto: K. Kunz

Dank

Ceratophrys cranwelli in seinem Terrarium
Foto: F. W. Henkel

An dieser Stelle möchten wir uns besonders bei Herrn Dr. Michael Meyer (Herne) für die kritische Durchsicht des Manuskripts und bei Sascha Svatek (Elze) für das Anfertigen der Zeichnungen bedanken. Bei den der Texterstellung vorausgehenden Recherchen haben wir viele erfahrene Liebhaber kontaktiert und uns mit ihnen über zahlreiche Frage ausgetauscht; all jenen sei an dieser Stelle von Herzen gedankt – auch den hier nicht ausdrücklich genannten.

Unser besonderer Dank gilt allen, die durch Informationen sowie das freundliche Überlassen von Bildmaterial zum Erfolg des Projektes beigetragen haben. Im Einzelnen erwähnt seien (in alphabetischer Folge): Andrés R. Acosta-Galvis (Kolumbien), Henry Astley (USA), Pedro Braun (Brasilien), Maria F. Cano (www.frogver.com/USA), Luis A. Coloma (Ecuador), Crizanto Brito de Carvalho (Brasilien), Philippe De Vosjoli (USA); Prof. Celio Haddad (Brasilien), Prof. Walter Hödl (Wien), Dr. Peter Janzen (Duisburg), Dr. Jörn Köhler (Heidelberg), Kriton Kunz (Speyer), Dr. Axel Kwet (Stuttgart), Christian Langner (Billerbeck), Bill Love (USA), Manuel Mejia (Ecuador), Herbert Nigl (Dietzenbach), Yoshihito Otsu (Japan), Michael Ready, (USA), Allen Repashy (USA), Mauricio Rivera-Correa (Brasilien), Christopher Short (Burgwindheim), Kim Thomas (USA), Ron Tremper (USA), Firma Tropenparadies (Thorsten Holtmann und Volker Ennenbach, Oberhausen) und Roland Zobel (Herne).

Weitere Informationen

Vereinigungen:

Deutsche Gesellschaft für Herpetologie und Terrarienkunde e.V. (DGHT)

Wie ihr Name besagt, ist die DGHT eine Vereinigung herpetologisch und terrarienkundlich interessierter Personen. Der Verein gibt zwei bedeutende Fachzeitschriften heraus, die wissenschaftlich orientierte **Salamandra** und die eher praxisbezogene **elaphe**, Letztere gemeinsam mit der TERRARIA des Natur und Tier - Verlags.

Geschäftsstelle:
Postfach 14 21, D-53351 Rheinbach
Fon: (0 22 55) 95 01 06, Fax: (0 22 55) 17 26
E-Mail: gs@dght.de, URL: http://www.dght.de

Die DGHT-AG Anuren

Die Arbeitsgemeinschaft Anuren widmet sich den Froschlurchen (Anura). Ganz der Philosophie der DGHT folgend, stellt sie eine Schnittstelle zwischen Terraristik und Forschung dar. Die AG-Mitglieder sind Hobbyisten oder Wissenschaftler – oder auch beides. Die AG leistet einen wichtigen Beitrag zum Artenschutz, insbesondere auch durch die Unterstützung von Erhaltungsnachzuchten. Ein besonderer Schwerpunkt liegt bei tropischen Pfeilgiftfröschen (Dendrobatiden). Informationen der AG werden regelmäßig in der DGHT-Zeitschrift „elaphe/ TERRRARIA" sowie in der AG-Zeitschrift „amphibia" (gemeinsam mit der AG Urodela) veröffentlicht. Kontakt: Ulrich Schmidt, Bergheimer Str. 108, 41515 Grevenbroich, Tel. (0 21 81) 6 22 63, ulrich@schmidtshome.de.

Ceratophrys ornata
Foto: W. Schmidt

Bezugsquellen

Bezugsquellen für Terrarien, Terrarienzubehör, -einrichtung und -technik, Futtertiere, Vitamin- und Mineralstoffpräparate usw. können heutzutage leicht über Suchmaschinen im Internet gefunden werden. Eine weitere Möglichkeit bieten regelmäßig erscheinende Fachzeitschriften – über die man außerdem an wichtige Informationen, Anregungen sowie Vortrags- und Börsentermine gelangt.

Ceratophrys cornuta
Foto: Bill Love/Blue Chameleon Ventures

Fachmagazine

REPTILIA und **TERRARIA** erscheinen monatlich im Wechsel; dazu kommt das Terraristik-Themenheft **DRACO** (vier Mal im Jahr). Natur und Tier - Verlag GmbH, An der Kleimannbrücke 39/41, 48157 Münster, Tel: (02 51) 13 33 90; E-Mail: verlag@ms-verlag.de.

Sauria erscheint vierteljährlich, herausgegeben von der Terrariengemeinschaft Berlin e.V. Die Zeitschrift kann bei B. Treu, Tel/Fax (0 30) 331 12 400 oder unter abo@sauria.de bestellt werden.

Schmuckhornfrösche im Internet

Neben zahlreichen Einzelerwähnungen in Händlerlisten, Bildergalerien, Reiseberichten etc. findet man im Internet auch spezielle Seiten, die sich unter anderem den Schmuckhornfröschen und ihrer Biologie oder Haltung widmen. Wie im Internet üblich, ist die Qualität dieser Beiträge allerdings recht gemischt. Nähere Beachtung verdienen zum gegenwärtigen Stand vor allem die folgenden drei Seiten:

www.pacmanfrogs.de
www.pacmanfrog.com
www.samurep.jp/syohin/animals.html

Untersuchungsstellen

Viele Tierärzte haben sich inzwischen auf Reptilien spezialisiert und bieten Kot- und Abstrichuntersuchungen sowie Nekropsien an. Daneben gibt es überregionale Untersuchungsstellen und Labore. Einige bekannte Stellen sind:

Exomed, Postfach 60016410251 Berlin, E-Mail: labor@exomed.de, Telefon: 030/51067701, Fax: 030/51067702, www.exomed.de
Veterinärmedizinische Fakultät der Universität Gießen, Frankfurter Str. 94, 35392 Gießen.
Institut für Zoologie, Fischereibiologie und Fischkrankheiten der tierärztlichen Fakultät der Universität München, Veterinärstr. 13, D-80539 München.
Kim Heckers, Laboklin, Abteilung Pathologie, Prinzregentenstr. 3, 97688 Bad Kissingen.
Poliklinik für Vogel- und Reptilienkrankheiten, Universität Leipzig, An den Tierkliniken 17, 04103 Leipzig.

Literatur

ALCAIDE-DE PUCCI, M. (1995): Determinacion histoquimica de las mucinas en el oviducto de *Ceratophrys cranwelli* (Anura, Leptodactylidae). Periodo preovulatorio. – Acta Zoologica Lilloana 43(1): 49–55.

ALVAREZ, B., R. AGUIRRE, J. CESPEDEZ, A. HERNANDO & M. TEDESCO (2002): Atlas de Anfibios y reptiles de Corrientes, Chaco y Formosa (Argentina). – Editorial de la Universidad Nacional del Nordeste, Corrientes, Argentinien.

ANDERSSON, L. (1945): Batrachians from east Ecuador. – Arkiv för Zoologi 37: 1–88.

BARRIO, A. (1963): Consideraciones sobre comportamiento y grito agresivo propio de algunas species de Ceratophrynidae. – Physis, Buenos Aires, 24(67): 143–148.

– (1980): Una nueva especie de *Ceratophrys* del deminio chaqueno. – Physis, Buenos Aires, 39(96): 21–30.

BARTLETT, R. & P. BARTLETT (2000): The Horned Frogs Family and African Bullfrogs. – Hauppauge.

– (2000): The Horned Frog Family and African Bullfrogs. – New York, Barron's Educational Series.

BASSO, N.G. (1990): Estrategias adaptivas en una comunidad subtropical de anuros. – La Plata, Cuadernos de Herpetología, Serie Monografías 1.

BELL, T. (1843): The Zoology of the Voyage of H.M.S. Beagle. Part V, Reptiles. – London, Smith, Elder & Co.

BOKERMANN, W. (1966): Lista anotada das localidades tipo de anfíbios Brasileiros. – São Paulo, Serviçio de Documentação, Universidade Rural São Paulo.

BOLDT, M. (1911): Das Rückenschild der *Ceratophrys dorsata* WIED. – Zool. Jahrb. Anat. 32: 107–134.

BOTH, A. (2005): Quick & Easy Horned Frog Care. – Neptune City/N.J., T.F.H.

BOULENGER, G. (1890): Second report on additions to the batrachian collection in the Natural-History Museum. – Proceedings of the Zoological Society of London 1890: 323–328.

– (1882): Catalogue of the Batrachia Gradientia s. Caudata and Batrachia Apoda in the Collection of the British Museum. – London.

BRAUN, P. & C. BRAUN (1980): Lista prévia dos anfíbios do Estado do Rio Grande do Sul, Brasil. – Iheringia 56: 121–146.

BRUSE, F., MEYER, M. & W. SCHMIDT (2003): Futtertierzuchten (2. veränderte Aufl.). – Frankfurt, Chimaira.

BRUSQUETTI, F. & E. LAVILLA (2006): Lista comentada de los anfibios de Paraguay. – Cuadernos de Herpetología 20: 3–79.

CANDIOTI, M. (2005): Morphology and feeding in tadpoles of *Ceratophrys cranwelli* (Anura: Leptodactylidae). – Acta Zoologica 86: 1–11.

CANZIANI, G. & M. CANNATA (1980): Water balance in *Ceratophrys ornata* from two different environments. – Comparative Biochemistry and Physiology 66A: 599–603.

CEI, J. (1965): The relationships of some Ceratophrydid and Leptodactylid genera as indicted by precipitin test. – Herpetologica 20(4): 217–224.

– (1980): Amphibians of Argentina. – Firenze, Monitore Zoologica Italiano (New Series Monografia).

– (1987): Additional notes to "Amphibians of Argentina": an update, 1980–1986. – Firenze, Monitore Zoologico Italiano, Nuova Serie, Supplemento 21: 209–272.

COCHRAN, D. (1955): Frogs of southeastern Brazil. – Bulletin of the U.S. National Museum 206.

– & C. GOIN (1980): Frogs of Colombia. – Smithsonian Institution Press, Bulletin 288.

COCTEAU, T. (1835): Sur un genre peu connu et imparfaitement décrit de batraciens anoures à carapace dorsale osseuse, et sur une nouvelle espèce de ce genre. – Magasin de Zoologie, Guérin, 5: 7–8.

CUVIER, G. (1829): Le Règne Animal Distribué d'Après son Organisation, pour Servir de Base à l'Histoire Naturelle des Animaux et d'Introduction à l'Anatomie Comparée. – Nouvelle Edition, revue et Augmentée par P.-A. Latreille. Volume 2. – Paris, Deterville.

DA SILVA VIEIRA, K., A. ZAMPIERI SILVA & C. ARZABE (2006): Cranial morphology and karyotypic analysis of *Ceratophrys joazeirensis* (Anura: Ceratophryidae, Ceratophrynae): taxonomic considerations. – Zootaxa 1320: 57–68.

De Vosjoli, P. (1987): Husbandry and propagation of the Suriname horned frog (*Ceratophrys ornata*). – Proceeding of the Secound N.Ca. Conference on the Propagation and Husbandry: 1–10.

– (1988): Husbandry and propagation of the Chacoan horned frog (*Ceratophrys cranwelli*). – Vivarium 1(2): 5–7.

– (1990): The General Care and Maintenance of Horned Frogs. – Lakeside, Advanced Vivarium Systems.

– (2006): Horned Frogs-Plus Budgett`s Frogs. – Lugana Hills, AVS books.

Duellman, W. (1978): The biology of an equatorial herpetofauna in Amazonian Ecuador. – Miscellaneous Publications of the Museum of Natural History, University of Kansas, 65: 1–352.

– & M. Lizana (1994): Biology of a sit-and-wait predator, the Leptodactylid frog *Ceratophrys cornuta*. – Herpetologica 50: 51–64.

– & L. Trueb (1986): Biology of Amphibians. – New York, McGraw-Hill.

Engelmann, W. (2006): Zootierhaltung – Tiere in menschlicher Obhut: Reptilien und Amphibien. – Frankfurt, Verlag Harri Deutsch.

Evans, S., M. Jones & D. Krause (2008): A giant frog with South American affinities from the Late Cretaceous of Madagascar. – Proc. Natl. Acad. Sci. USA, doi: 10.1073/pnas.0707599105.

Fabrezi, M. (2006): Morphological Evolution of Ceratophryinae (Anura, Neobatrachia). – Journal of Zoological Systematics and Evolutionary Research 44(2): 153–166.

– & G. Gladys (1993): Metamorfosis del aparato Hiobranquial en *Pleurodema borellii* y *Ceratophrys cranwelli*. – Acta zool. Lilloana 42(2): 189–196.

Fernandez, K. & M. Fernandez (1921): Sobre la Biologia y reproduction de algunos Batracios argentinos. I. Cystignathidae. – An. Soc. Cient. Argent., Buenos Aires, 91: 97–139.

Fischer, J. (1884): Das Terrarium. Seine Bepflanzung und Bevölkerung. – Frankfurt, Mahlau & Waldschmidt.

Fry, A. & J. Kaltenbach (1999): Histology and lectin-binding patterns in the digestive tract of the carnivorous larvae of the anuran, *Ceratophrys ornata*. – J. Morphology 241(1): 19–32.

Frost, R., T. Grant, J. Faivovich, R. Bain, A. Haas, C. Haddad, R. De Sá, A. Channing, M. Wilkinson, S. Donnellan, C. Raxworthy, J. Campbell, B. Blotto, P. Moler, R. Drewes, R. Nussbaum, J. Lynch, D. Green & W. Wheeler (2006): The amphibian tree of life. – Bulletin of the American Museum of Natural History 297: 1–370.

Gambarotta, J., A. Saralegui & E. Gonzalez (1999): Vertebrados tetrapodos del Refugio de Fauna Laguna de Castillos, Departamento de Rocha. – Relavamientos de Biodiversidad 3: 1–31.

Gayer, S. (1983): Osteologia do sincrânio de *Ceratophrys aurita* (Raddi, 1823) (Anura, Leptodactylidae). – Rev. Bras. Zool. 2(3): 113–137.

Gravenhorst, J. (1825): *Stombus*, eine neue Amphibien Gattung. – Isis von Oken 2(8): 920–922.

– (1829): Deliciae Musei Zoologici Vratislaviensis. Fasciculus primus. Chelonios et Batrachia. – Leipzig, Leopold Voss.

Grayson, K., L. Cook, M. Todd, D. Pierce, W. Hopkins, R. Gatten & M. Dorcas (2005): Effects of prey type on specific dynamic action, growth, and mass conversion efficiencies in the horned frog, *Ceratophrys cranwelli*. – Comparative Biochemistry and Physiology, Part A, 141: 298–304.

Günther, A. (1859): Catalogue of the Batrachia Salientia in the collection of the British Museum. – London, Taylor and Francis.

Gutsche, A. (2010): Erstmals rufende Kaulquappen nachgewiesen. – TERRARIA 24: 6–7.

Hallowell, E. (1857): On a new and remarkable genus of Ranidae, from the river Parana. – Proceedings of the Academy of Natural Sciences of Philadelphia 8: 298.

Henkel, F. & W. Schmidt (2008): Terrarien – Bau und Einrichtung (2. Auflage). – Stuttgart, Eugen Ulmer.

– & – (2010): Taschenatlas der Amphibien. – Stuttgart, Eugen Ulmer.

Herrmann, H.-J. (2001): Terrarien Atlas, Bd.1. Kulturgeschichte, Biologie und Terrarienhaltung von Amphibien, Schleichenlurche, Schwanzlurche, Froschlurche. – Melle, Mergus.

Hirtenlehner, E. (2006): Haltung und Nachzucht

des südamerikanischen Chaco-Pfeiffrosches, *Lepidobatrachus laevis*. – REPTILIA 61: 56–63.

HONNEGER, R., C. SCHNEIDER, & E. ZIMMERMANN (1985): Notizen zur Aufzucht von Schmuckhornfröschen *Ceratophrys ornata* (BELL, 1843) (Salientia: Leptodactylidae). – Salamandra 21: 70–80.

HUNZIKER, R. (1994): Horned Frogs. – Neptune City, N.J.

JENNY, J. (1988): Funktionsmorphologische Untersuchungen an der Zunge von *Ceratophrys ornata, C. cranwelli, Bufo arenarum* und *B. paracnemis*. – Univ. Zürich, Diplomarbeit.

KLAPPENBACH, M. & O. MIRANDA (1969). Anfibios y Reptiles. – Montevideo, Uruguay, Nuestra Tierra.

KUNZ, K. (2010): Erstimport des Pazifischen Schmuckhornforosches, *Ceratophrys stolzmanni*. – TERRARIA 26: 8.

LA MARCA, E. (1986): Description of the tadpole of *Ceratophrys calcarata*. – Journal of Herpetology 20: 459–461.

LACÉPÈDE, B. (1788): Histoire Naturelle des Quadrupèdes Ovipares et des Serpens, des Poisson et des Cétacés. 16me version. Volume 2. – Paris, Hôtel de Thou.

LAURENTI, J. (1768): Specimen Medicum, Exhibens Synopsin Reptilium Emendatum cum Experimentis Circa Venena et Antidota Reptilium Austriacorum. – Wien, Joan. Thom. nob. de Trattnern.

LAVILLA, E. & J. CEI (2001): Amphibians of Argentina. A Second Update, 1987–2000. – Museo Regionale di Scienze Naturali, Torino.

– & M. FABREZI (1992): Anatomía craneal de larvas de *Lepidobatrachus llanensis* y *Ceratophrys cranwelli* (Anura: Leptodactylidae). – Acta Zoologíca Lilloana 42(1): 5–11.

– & G. SCROCCHI (1990): *Ceratophrys cranwelli* oviposition. – Herpetological Review 21(1): 18–19.

LINNAEUS, C. (1758): Systema Naturae per Regna Tria Naturae, Secundum Classes, Ordines, Genera, Species, cum Characteribus, Differentiis, Synonymis, Locis. 10th Edition. Volume 1. – Stockholm, Salvii.

LOLL, J. (1994): A frog-raising experience with *Ceratophrys ornata*. – Captive Breeding 2(2): 17–19.

LYNCH, J. (1982): Relationships of the frogs of the genus *Ceratophrys* (Leptodactylidae) and their bearing on hypotheses of Pleistocene forest refugia in South America and punctuated equilibria. – Systematic Zoology 31: 166–179.

MANEYRO, R. & J. Langone (2001): Categorización de los anfibios del Uruguay. – Cuadernos de Herpetología 15(2): 107–118.

MANGIONE, S., G. GARCIA & O. CARDOZO (2011): The Eberth-Katschenko layer in three species of ceratophryines anurans (Anura: Ceratophrydae). – Acta Zoologica 92: 21–26.

MARCHETTI, C. (1982): Hornfrösche als Pfleglinge. – DATZ, Stuttgart, 35: 393.

MASURAT, G. & W. GROSSE (1991): Lurche. – Leipzig, Urania.

MERCADAL DE BARRIO, I. (1986): *Ceratophrys joazeirensis* sp. n. (Ceratophryidae, Anura) del nordeste de Brasil. – Amphibia-Reptilia 7(4): 313–334.

– (1987): Aportes para la elucidación del fenómeno de la poliploida en el género *Ceratophrys* con especial énfasis en el par diploid-octoploide *C. cranwelli – C. ornatus*. – Revista del Museo Argentino, Buenos Aires, 14(10): 139–161.

– (1988): Sobre la validez de *Ceratophrys testudo* ANDERSSON, 1945 (Amphibia, Ceratophryidae). – Amphibia-Reptilia 9(1): 1–6.

MEYER, N. (2007): Erfolgreiche Paarungsstimulation und Zucht diverser Froscharten mit Hilfe von Hormonen. – WAZA Meetings, Amphibien brauchen unsere Hilfe, Chemnitz.

MIRANDA-RIBEIRO, A. (1923): Observacoes sobre algumas phases evolutivas de *Ceratophrys* e *Stombus*. – Rio de Janeiro, Archivos do Museu Nacional 24.

MORESCALCHI, A. (1967): The close karyological affinities between a *Ceratophrys* and *Pelobates*. – Experientia 23(12): 1071–1072.

MÜLLER, L. & W. HELLMICH (1936): Wissenschaftliche Ergebnisse der Deutschen Gran Chaco-Expedition. Amphibien und Reptilien. I. Teil: Amphibia, Chelonia, Loricata. – Stuttgart, Strecker & Schröder.

MURPHY, J. (1976): Pedal luring in the leptodactylid frog, *Ceratophrys calcarata* BOULENGER. – Herpetologica 32(3): 339–341.

MUTSCHMANN, F. (2009): Erkrankungen der Amphibien, 2. Aufl. – Stuttgart, Enke.

NATALE, G., L. ALCALDE, R. HERRERA, R. CAJADE, E. SCHAEFER, F. MARANGONI, & V. TRUDEAU (2011): Underwater acoustic communication in the macrophagic carnivorous larvae of *Ceratophrys ornata* (Anura: Ceratophryidae). – Acta Zoologica 92: 46–53.

NIETZKE, G. (1989): Die Terrarientiere, Bd.1, Schwanzlurche und Froschlurche. – Stuttgart, Eugen Ulmer.

NIGL, H. & H.-J. HERRMANN (2005): Die Arten der Gattung *Ceratophrys*, ihre Pflege und Zucht. – Aquaristik Fachmagazin 185: 98–101.

OBST, F., K. RICHTER & U. JACOB (1984): Lexikon der Terraristik und Herpetologie. – Hannover, Landbuch.

OKEN, L. (1816): Lehrbuch der Naturgeschichte. Vol. 3. Zoologie. Abtheilung 2. Atlas. – Leipzig, Philipp Reclam.

PARKER, H. & A. BELLAIRS (1972): Die Amphibien und die Reptilien. – Lausanne, Éditions Rencontre.

PERI, S.I. (1993): La validez de *Ceratophrys testudo* ANDERSSON, 1945 (Leptodactylidae, Ceratophryinae): aspectos morfologicos de su reconocimiento. – Alytes 11(3): 107–116.

PETERS, J. (1967): The generic allocation of the frog *Ceratophrys stolzmanni* STEINDACHNER, with the description of a new subspecies from Ecuador. – Proc. Biol. Soc. Washington 80: 105–112.

PETERS, W. (1872): Über die von SPIX in Brasilien gesammelten Batrachier des Königl. Naturalienkabinet zu München. – Monatsber. d. Königl. Preuß. Akad. d. Wiss. zu Berlin: 196–227.

POMBAL, J. & C.F.B. HADDAD (2005): Estratégias e modos reprodutivos de anuros (Amphibia) em uma poça permanente na Serra de Paranapiacaba, Sudeste do Brasil. – Pap. Avulsos Zool., São Paulo, 45(15): 201–213.

POWELL, M., J. MANSFIELD-JONES & R. GATTEN (1999): Specific dynamic effect in the horned frog *Ceratophrys cranwelli*. – Copeia 1999(3): 710–717.

PUJOL, C. (1985): Estudios inmunológicos en dos especies afines de *Ceratophrys* (Anura Leptodactylidae): *C. ornata* (BELL, 1843) y *C. cranwelli* (BARRIO, 1979). – Acta Physiologica et Pharmacologica Latinoamericana 35(2): 251–258.

– (1986): Albumin concentration in plasma of two related species of *Ceratophrys* (Anura Leptodactylidae) from two different environments. – Experientia 42(3): 319–320.

PURCELL, S. & R. Keller (1993): A different type of amphibian mesoderm morphogenesis in *Ceratophrys ornata*. – Development 117: 307–317.

RADDI, G. (1823): Continuazione della descrizione dei Rettili Brasiliani. – Mem. Soc. Ital. Sci. Modena 19(1): 58–73.

REIG, O. & C. LIMESES (1963): Un nuevo género de anuros ceratofrínidos del distrito chaqueño. – Physis 24:113–128.

RUSCONI, C. (1932): La presencia de anfibios („Ecaudata") y de aves fósiles en el piso ensenadense de Buenos Aires. – Anales de la Sociedad Cieltifica Argentina 113: 145–149.

SCHLEGEL, H. (1837): Abbildungen neuer oder unvollständig bekannter Amphibien, nach der Natur oder dem Leben entworfen, herausgegeben und mit einem erläuternden Texte begleitet. Part 1. – Düsseldorf, Arnz & Co.

– (1858): Handleiding tot de Beoefening der Dierkunde. Volume 2. – Breda, Koninklijke Militaire Akademie.

SCHMID, M., T. HAAF, & W. SCHEMPP (1985): Chromosome banding in Amphibia. IX. The polyploid karyotypes of *Odontophrynus americanus* and *Ceratophrys ornata* (Anura, Leptodactylidae). – Chromosoma 91: 172–184.

SCHULTE, R. (1980): Frösche und Kröten. – Stuttgart, Ulmer.

SEBA, A. (1734): Locupletissimi rerum naturalium thesauri accurate discriptio etc. – Amsterdam.

SECOR, S. (2005): Physiological responses to feeding, fasting and estivation for anurans. – The journal of Experimental Biology 208: 2595–2608.

SOARES-SCOTT, M., I. TRAJTENGERTZ, M. SOMA & M. BEÇAK (1988): C and AgAs bands of the octaploid Untanha frog *Ceratophrys dorsata* (*C. aurita*) (8n = 104, Amphibia, Anura). – Rev. Bras. Genet. 11: 625–631.

SOLÉ, M., E. MARCIANO, I. RIBEIRO & A. KWET (2010): Predation attempts on *Trachycephalus* cf. *mesophaeus* (Hylidae) by *Leptophis ahaetulla* (Colubridae) and *Ceratophrys aurita* (Ceratophryidae). – Salamandra 46: 101–103.

Spix, J. (1824): Animalia nova sive Species novae Testudinum et Ranarum quas in itinere per Brasiliam annis MDCCCXVII-MDCCCXX jussu et auspiciis Maximiliani Josephi I. Bavariae Regis. – München, Hübschmann.

Staniszewski, M. (1995): Horned frogs in captivity. – The Reptilian Magazine 3(5): 14–20.

Steindachner, F. (1882): Batrachologische Beiträge. – Sitzungsber. d. Akad. d. Wiss. in Wien, Math.-Naturwiss. Kl. 85(1): 188–194.

Stettler, P.H. (1962): Hornfrösche. – DATZ, Stuttgart, 15: 82.

Stossel, L., S. Bogan, G. Martinez & F. Agnolin (2008): Implicaciones paleoambientales de la presencia del género *Ceratophrys* (Anura, Ceratophryinae) en de la transición Pampeano Patagónica en el holoceno tardío (curso inferior de Río Colorado, Argentina). – Magallania 36(2): 195–203.

Tremper, R. & G. Merker (2008): Pick a Pac-Man: Learn how to keep and breed this enjoyable frog. – Reptiles 13: 38–45.

Trudeau, V., G. Somoza, G. Natale, B. Pauli, J. Wignall, P. Jackmann, K. Doe & W. Schueler. (2010): Hormonal induction of spawning in 4 species of frogs by coinjection with a gonadotropin-releasing hormone agonist and a dopamine antagonist. – Reproductive Biology and Endocrinology 8: 36.

Tschudi, J. (1838): Classification der Batrachier mit Berücksichtigung der fossilen Thiere dieser Abtheilung der Reptilien. – Neuchâtel, Petitpierre.

Ulloa-Kreisel, Z. (2001): Metamorfosis del aparato digestivo de larvas carnivoras de *Ceratophrys cranwelli* (Anura: Leptodactylidae). – Cuadernos de Herpetologia 14(2): 105–116.

Vera Candioti, M. (2005): Morphology and feeding in tadpoles of *Ceratophrys cranwelli* (Anura: Leptodactylidae). – Acta Zoologica, Stockholm, 86:1–11.

Villecco, E., M. Aybar, A. Sanchez-Riera & S. Sanchez (1999): Comparative study of vitellogenesis in the anuran amphibians *Ceratophrys cranwelli* (Leptodactilidae [Leptodactylidae]) and Bufo arenarum (Bufonidae). – Zygote 7(1): 11–19.

–, Genta, S., Sanchez-Riera & A.S. Sanchez (2002): Ultrastructural characteristics of the follicle cell-oocyte interface in the oogenesis of *Ceratophrys cranwelli*. – Zygote 10(2): 163–173.

Wagler, J. (1830): Natürliches System der Amphibien, mit vorangehender Classification der Säugthiere und Vogel. Ein Beitrag zur vergleichenden Zoologie. – München-Stuttgart-Tübingen, J. G. Cotta.

Walls, J. (1995): Das große Buch der Frösche, Kröten und Unken. – bede, Ruhmannsfelden.

Wassersug, R. & W. Heyer (1988): A Survey of Internal Oral Features of Leptodactyloid Larvae. – Smithsonian Contributions to Zoology No. 457.

Wied-Neuwied, M. (1824): Verzeichnis der Amphibien welche im zweiten Bande der Naturgeschichte Brasiliens von Prinz Max von Neuwied werden beschrieben werden. – Isis von Oken 14: 661–673.

– (1827): Abbildungen zur Naturgeschichte Brasiliens. Heft 10. – Weimar, Landes-Industrie-Comptoir.

Wild, E. (1997): Description of the adult skeleton and developmental osteology of the hyperossified horned frog, *Ceratophrys cornuta* (Anura:Leptodactylidae). – Journal of Morphology 232: 169–206.

– (1997): The Ontogeny and Phylogeny of Ceratophryinae Frogs (Anura: Leptodactylidae). – PhD Thesis, University of Kansas.

– (2001): *Ceratophrys cranwelli*. Predation. – Herpetological Review 32(2): 102.

Bücher für Ihr Hobby

alles über Moos-frösche

Moosfrösche
Die Gattung *Theloderma*

K. Kunz, S, Honigs, T. Eisenberg

128 Seiten, 162 Fotos, 5 Grafiken, 17 Karten
Format: 16,8 x 21,8 cm,
ISBN 978-3-86659-155-4

19,80 €

Die skurril-attraktiven, wie wundervolle Fantasiewesen anmutenden Moosfrösche der Gattung *Theloderma* sind die Shooting-Stars unter den Amphibien. Bis vor wenigen Jahren noch praktisch unbekannt, werden heute etliche der terraristisch sehr begehrten Arten nachgezogen. In diesem Buch erfahren Sie alles, was Sie für die erfolgreiche Haltung, Pflege und Vermehrung dieser liebenswerten Tarnkünstler wissen müssen.

Krallenfrösche, Zwergkrallenfrösche, Wabenkröten
Pipidae in Natur & Menschenhand

K. Kunz

128 Seiten, 153 Abbildungen, Format: 16,8 x 21,8 cm
ISBN 978-3-931587-75-8

19,80 €

www.ms-verlag.de